ZONGHE NENGYUAN XITONG DITAN YUNXING YOUHUA

综合能源系统
低碳运行优化

贾燕冰　王金浩　韩肖清　编著

中国电力出版社
CHINA ELECTRIC POWER PRESS

内容提要

综合能源系统为近年来的研究热点，本书主要结合近年来的低碳供能方式，分 9 章介绍了电－气综合能源系统概述、综合能源系统元件模型及概率能流分布、电－气综合能源系统低碳经济调度、考虑天然气源影响的 IES 低碳经济调度、综合能源系统双层优化调度、考虑综合需求响应及用户满意度的 IEGS 低碳经济调度、考虑综合需求响应的含多微能网 IEGS 优化调度、含多微能网综合能源系统的可靠性评估、低碳能源互联网智慧科创平台等。

本书可供研究综合能源系统的研究人员及电气工程人员参考使用，也可作为高等院校电气工程学科研究生的参考教材。

图书在版编目（CIP）数据

综合能源系统低碳运行优化／贾燕冰，王金浩，韩肖清编著． －－ 北京：中国电力出版社，2025.4.
ISBN 978 - 7 - 5198 - 9443 - 6

Ⅰ．TK018

中国国家版本馆 CIP 数据核字第 2024YA0191 号

出版发行：中国电力出版社
地　　址：北京市东城区北京站西街 19 号（邮政编码 100005）
网　　址：http://www.cepp.sgcc.com.cn
责任编辑：雷　锦
责任校对：黄　蓓　李　楠
装帧设计：郝晓燕
责任印制：吴　迪

印　　刷：三河市航远印刷有限公司
版　　次：2025 年 4 月第一版
印　　次：2025 年 4 月北京第一次印刷
开　　本：787 毫米×1092 毫米　16 开本
印　　张：13
字　　数：272 千字
定　　价：86.00 元

随着全球经济的飞速发展，人们对能源的需求量与日俱增，传统化石燃料大量燃烧所引起的环境污染问题已经使人类的生存条件受到了严重威胁。大幅提升清洁可再生能源的发电比例、实现新能源和传统能源互补，已成为全球能源行业发展的共同趋势。综合能源系统（integrated energy systems，IES）打破了供电、供气、供热等系统独立设计运行的原有模式，可充分利用冷热电气等多种能源间的互补特性实现多能互济、能源梯级利用。

综合能源系统近年来得到了广泛关注，但冷热电气多能源系统间复杂的交叉耦合关系和耦合设备容量的限制大大增加了 IES 系统运行和控制的复杂度，系统安全可靠运行面临着极大挑战。本书主要针对综合能源系统可能的运行模式、运行优化及可靠性进行分析，为综合能源系统发展提供相关建议。

（1）针对双碳背景下电－气综合能源系统运行优化问题，探讨了考虑碳捕集系统、电－氢联合系统、碳交易机制、混氢天然气运行方式、综合需求响应等"电－气－储"综合能源系统运行模式，构建了电－气综合能源系统中冷、热、电、气、储系统的典型设备、耦合设备模型。

（2）介绍综合能源系统不同能量流的计算原理，并针对不同运行体系，采用冷－热－电－气－储异质能源同质化法，建立日前－日内－实时多时间尺度调度模型，引入多时间尺度协同优化调度方法，提升综合能源系统运行经济性，进一步提升新能源消纳比例。

（3）针对所构建的综合能源系统的典型运行场景和运行模式，并提出了运行优化策略，以提升系统运行的经济性和可靠性，为综合能源系统的构建和运行提供了技术支持和参考。

（4）考虑气源对电气综合能源系统稳定性和经济性的问题，提出了含多微能网综合能源系统可靠性评估体系，探讨了综合能源系统对供能可靠性的影响。

（5）建立低碳能源互联网智慧科创平台，利用仿真平台对各种场景进行模拟，对比分析运行数据，加强实际操作系统与信息传输设备之间的联系，加快数据回收分析速度，提高对未来场景的预测精准度，保证系统运行的可靠性。

本书由太原理工大学电气与动力工程学院贾燕冰、韩肖清教授和国网山西省电力公司电力科学研究院王金浩在近年研究和实践的成果基础上编著，感谢研究生田丰、白云、康丽虹、任海泉、马紫嫣、陈俊先、郝笑霄、刘佳婕等同学协助。本书编写的过程中还参阅了国内外相关专家们的研究成果和著作，在此一并表示感谢。

本书的编写得到了国家自然科学基金项目"基于严重故障集筛选技术的电力—天然气综合能源系统耦合风险评估理论研究（51807129）"、国家自然科学基金联合基金重点项目"多时间尺度储能规划与运行优化及综合效能评估（U1910216）"的支持。

借此机会，向上述关心、支持、帮助本书编著工作的各位表示最衷心的敬意和感谢。

望通过本书为本研究领域的科研人员提供参考，进一步加快解决综合能源系统运行优化调度问题，提升整体系统的可靠性、整体能效和新能源利用率，完善多能耦合、协同供应的综合能源系统，缓解能源供需矛盾，促进低碳化的关键技术方向，助力实现碳达峰、碳中和目标。

编者

2024. 10

目　录

第一章

电—气综合能源系统概述

进入 21 世纪以来，全球经济的持续发展正面临着能源安全、环境污染和气候变化三大挑战，能源发展与环境污染、气候变化之间的关系变的愈发紧密。

2020 年 9 月 22 日 75 届联合国大会上，我国首次在国际公开场合提出"3060"双碳目标，我国将提高国家自主贡献力度，采取更加有力的政策和措施，我国二氧化碳排放力争在 2030 年前达到碳峰值，2060 年前实现碳中和。2021 年，中央财经委员会第九次会议指出，"十四五"是碳达峰的关键期、窗口期，要构建清洁低碳安全高效的能源体系，控制化石能源总量，着力提高利用效能，实施可再生能源替代行动，深化电力体制改革，构建以新能源为主体的新型电力系统。"十四五"期间，我国将持续推动煤炭的清洁利用，加强清洁能源在能源供给方面的有效贡献，切实缓解能源发展不平衡不充分问题。

目前全球碳排放的 90% 来自能源系统，能源系统碳排放的 83% 是化石能源，因此推动能源供给和消费方式的改革是实现双碳目标的关键。2023 年全球可再生能源新增装机 5.1 亿千瓦，其中中国的贡献超过了 50%，我国正加速从以化石能源为主的能源体系向可再生能源转变。截至 2023 年 12 月底，全国累计发电装机容量约为 29.2 亿千瓦，同比增长 13.9%。其中太阳能发电装机容量约 6.1 亿千瓦，同比增长 55.2%；风电装机容量约 4.4 亿千瓦，同比增长 20.7%。预计"十四五"期间，我国终端能源需求将保持 1.2%~1.5% 的增长速度，全社会用电量年均增速预计为 4%~5%，2025 年达到约 9.5 万亿千瓦时，并且最大负荷增速快于用电量增速，负荷峰谷差呈增大趋势，2025 年我国风电、光伏发电装机有望实现"双 4 亿"发展规模，然而新能源的快速增长，火电占比逐步降低，使得电网的不确定性风险增加，但惯量和灵活性可调资源下降，使得电网运行风险日益提升。

为应对新能源并网带来的冲击，并减少煤炭资源高污染高排放的影响，目前，部分欧美发达国家已经完成了从煤炭到油气转型。为了达到"双碳"目标，我国终端用能煤改电、煤改气等工程逐步推进，对于天然气的需求也日益增长，2025 年将增至 4100 亿~4500 亿立方米，占一次能源需求比重 10%~11%。由此可见，照搬国外的油气发展能源模式不适用于我国能源产业的发展，需要充分发挥传统火电、天然气、新能源等资源优势，转变能源系统建设路径和发展模式，提高能源效率、保障能源安全、促进新能源消纳和推进环境保护等。

我国能源行业进入转型变革的攻坚期，能源高质量发展要求更加突出，供需格局将发生深刻变化，绿色转型任务愈发艰巨，综合能源系统有望成为我国能源提质增效的发展方向。构建清洁低碳、安全高效的新一代综合能源系统，以实现最大限度地开发利用可再生能源、最高程度地提高能源利用效率成为我国能源转型的核心战略目标。

1.1 天然气发展现状

1.1.1 天然气气源发展

随着世界各国碳减排工作的推进，具有低碳属性的天然气逐渐被寄予厚望。2021 年冬季全球天然气出现了严重的供需紧张现象，欧洲气价受俄罗斯供给量下降的影响持续飙升，较年初约上涨 800%，而我国天然气进口量也已突破 1.2 万吨，同样受到了全球气价波动的较大影响。图 1 - 1 所示为 2016 - 2021 年中国天然气进口量及增速情况，进口量持续上升，5 年时间进口量增长了 125%，而同时天然气季节性差异也在快速拉大，冬季天然气需求量甚至达到了夏季的 10 倍。

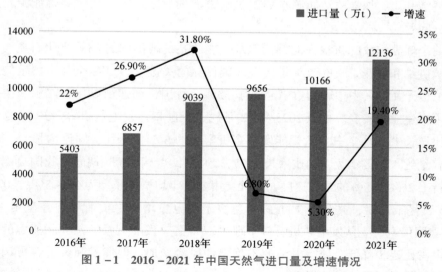

图 1 - 1　2016 - 2021 年中国天然气进口量及增速情况

China's natural gas imports and growth rate from 2016 to 2021

为确保天然气供应的稳定性，储气调峰设施的建设步伐也逐步加快，主要包括地下储气库、液化天然气（liquefied natural gas，LNG）设施以及储气罐等。地下储气库的容量大、安全系数高，但建设周期较长、投资和运行费用也较高。储气罐的占地面积较大，生产运行中对其调度比较困难。LNG 储气调峰设施选址灵活、调峰速度快，在运行过程中还可以通过回收利用 LNG 气化冷能以提高整个系统的能源利用率，是目前应用较多的储气调峰设施，根据规模的不同可分为沿海地区大型的 LNG 接收站和内陆城市小型的 LNG 气化站等。

国外发达国家使用天然气的时间比较早，储气调峰设施的发展也相对较完善。美国的天然气消费量和产量都排名全球第一，其储气调峰主要由地下储气库完成，加以 LNG 设施作为辅助手段。据统计，美国在 1941－2018 年间所建成的 LNG 储气调峰设施可容纳气态天然气总量达 25 亿立方米，主要用于日调峰和小时级调峰。为降低 LNG 的运输成本，美国的 LNG 设施主要建设在负荷附近。与我国不同的是，美国的 LNG 设施 90% 是由区域燃气经销商投资建设的，在用气淡季将管道气液化并储存于 LNG 设施中，待用气旺季再将其气化至天然气管道以供给终端燃气用户使用。

俄罗斯拥有丰富的天然气资源，在美国的页岩气革命之前曾一直是全球天然气储量最大的国家。因天然气供给量远高于本国需求量，且天然气输配管网极其庞大，俄罗斯的储气调峰能力远远高于其他国家，完全能通过自身气源侧的调节实现天然气的可靠供应。然而，受冬季恶劣天气的影响，俄罗斯用气的季节波动性极其强烈。苏联自 20 世纪 50 年代起便开始建立地下储气库，2020 年俄罗斯已投入运营的地下储气库共 23 座，这些储气库均可容纳较大气量，工作总气量达 800 亿 m³，其中最大的两座储气库可容纳的总气量达 430 亿 m³。为进一步加大本国天然气储备量，俄罗斯还制定了 2030 年天然气工业的相关发展方案，旨在继续扩大地下储气库网络，提高储气设施运营效率。

欧盟从 20 世纪中期便开始重视天然气储气调峰设施的建设，其储气调峰手段和美国十分相似，主要通过地下储气库完成，LNG 设施仅起到辅助作用。目前，欧盟的地下储气库已建有百余座，储气总量远超世界平均水平。此外，欧盟还建立了大量 LNG 设施以供接纳进口 LNG 和应急调峰使用。

日本、韩国的天然气本土储量十分有限，绝大部分依赖于进口 LNG，天然气管网建设也不完善，主要利用 LNG 设施完成区域性的储气调峰，并通过实施燃气可中断政策以平抑用气端的负荷曲线，在推动能源结构转型的同时缓解了能源供应压力。

我国天然气储气调峰设施的建设速度相对滞后，2018 年国内地下储气库、LNG 设施的工作气量仅分别占到消费总量的 3.1%、1.9%，远低于世界平均水平。近年来国家发展改革委出台了一系列政策以加快国内储气调峰设施的建立和完善。2023 年我国首座 27 万 m³ 液化天然气储罐，也是目前全球容量最大的天然气储罐，在中国石化青岛 LNG 接收站正式投用；2024 年中国自主设计建造的全球单罐容量最大的液化天然气储罐群——中国海油盐城"绿能港"项目6座27万 m³ 液化天然气罐在江苏盐城全部建设完工；预测 2025 年我国建设的 LNG 气化站将增至 7700 余座将大幅提升天然气供应保障能力。

1.1.2　混氢天然气发展现状

当前世界能源消费结构正朝着绿色低碳化转型，各种可再生能源也因此进入了发展的黄金时期。然而，可再生能源的波动性和不确定性给能源行业带来了不小的消纳压力。在多种异质能源载体中，氢气燃烧的终端产物只有水，是一种真正可以实现零碳排放的优质能源。利用电解水制氢技术将大量新能源转换为氢气，可在缓解新能源消纳压力的同时降低终端燃气的碳排量，但 H_2 高昂的储运成本使其大规模应用较为困难。混氢天然气技术即在天然气中掺入适量的 H_2，经已建成的天然气管道输送混合气体，不仅可以实现氢能的大规模、远距离输送，还能够起到"绿化"天然气、缓解天然气供给压力的作用。

进入 21 世纪，许多国家对混氢天然气（hydrogen enriched compressed natural gas，HCNG）技术展开了深入研究，其相关技术线路如图 1 – 2 所示。截至 2019 年，全球范围内关于混氢天然气的示范项目共有 37 个，这些项目的研究方向包括对天然气管网输送混氢天然气为终端燃气用户供气的可行性分析、对不同混氢比例下天然气管网设施的性能测试等。2004 年，欧盟委员会开展了 Natural Hy 的示范项目，该项目认为氢能的

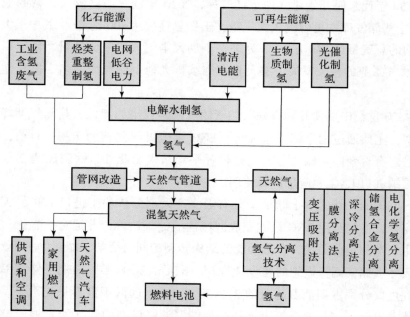

图 1 – 2　HCNG 及其相关技术线路

HCNG and its related technical lines

普及需要利用已建设完备的天然气管网以寻求解决策略，并对混氢天然气通过天然气管网输运的可行性和经济性进行了评估。2007 年荷兰开展的 Sustainable Ameland 项目以公寓大楼为研究对象，主要研究了 20% 以内的混氢比例变化对天然气管网设施以及终端燃气用户燃气具的影响。2013 年德国实现了天然气管网对混氢天然气的区域性输送，其中氢气所占的体积分数小于 2%。2014 年欧洲的 DVN GL 机构研究了氢气占比小于 30% 时混氢天然气对天然气管网设施相关性能的影响。在 2018 年英国开展的 Hy Deploy 示范项目中，H_2 的掺混比例最高可以达到 20%。荷兰的 VG2 项目将风电转换为氢气并通过已有的天然气管网输送，经一系列安全性分析以确定可掺混氢气的最高比例。我国对混氢天然气的研究起步较晚，清华大学从 2013 年起开始与其他机构合作对混氢天然气燃料进行研究，2019 年在辽宁朝阳开展了国内首个混氢天然气示范项目，旨在验证天然气掺氢的技术可靠性。目前部分发达国家的 H_2 可掺混比例已经超过 20%，我国与发达国家相比，还需进一步加快对混氢天然气技术的研究，以大幅提升氢能在终端燃气的占比，助力"双碳"目标早日实现。

1.2 综合能源系统

集多种能源的生产、传输、分配、消费等环节于一体的综合能源系统（integrated energy system，IES）被认为是推动能源结构转型的重要能源体系。IES 打破了单一能源系统间的壁垒，对耦合后的整体系统进行统一优化调度，利用不同能源的时空差异特性实现能量的梯级利用、促进能源供给侧和消费侧的清洁替代，对保障能源供应安全、降低系统总碳排、缓解可再生能源消纳压力具有重要意义。电能实时平衡特性使得当前以电能为主体的能源供给系统需要增设额外的储能投资，而天然气的输运存在时延性，且其管网铺设范围广泛，可与电力系统经电－气转换设备进行节点间的能量耦合，因此，电－气综合能源系统（integrated electricity－gas system，IEGS）得到快速发展并成为主要的能源集成载体。图 1－3 是典型 IEGS 结构图。电力系统由电源、负荷、输电线以及变压器等组成，天然气系统由气源、负荷、输气管道以及压缩机等组成，两系统通过燃气轮机、电转气等元件耦合在一起。

1.2.1 综合能源系统发展现状

21 世纪以来，随着新能源和信息技术的发展和能源体制变革，美国、德国、日本等陆续提出综合智慧能源或类似的概念和行动计划。为了能够在未来的世界能源格局中占得一席之地，获得在能源产业方面的话语权，各国都在通过开展各种试验项目，努力发展综合能源系统及其相关技术。

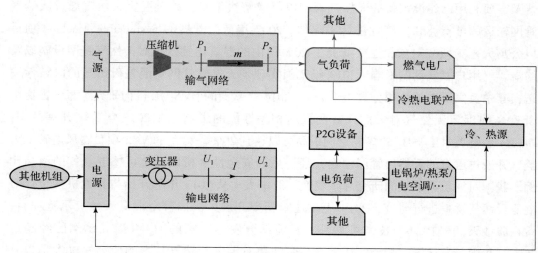

图 1-3　电-气综合能源系统结构

integrated electricity-gas system

首先，美国最早提出了综合能源系统是以互联网的开放对等的理念和体系架构为指导形成的新型能源网。2012 年 7 月，美国能源部下属新能源国家实验室提出对单一能源系统进行整合的想法，通过整合能源系统与其他系统，完成各系统间的高效互联进而实现经济和社会的综合效益最大化。2008 年，在整个硅谷，能源技术和信息技术融合的概念就已经在风险投资圈内传得火热，"智能电网"的概念随即产生。在 2007-2012 年期间，美国政府为了实现其能源战略，追加了近 6.5 亿美元的专项经费支持综合能源规划的研究和实施。此外，还将智能电网列入美国国家战略，以期在电网基础上构建一个高效能、低投资、安全可靠、灵活应变的综合能源系统，保证美国在未来引领世界能源领域的技术创新与革命。在需求侧管理技术上，美国包括加州、纽约州在内的许多地区在新一轮的电力改革中，明确把需求侧管理和提高电力系统的灵活性作为主要方向。其中美国汉海科技（Opower）公司通过设计的软件，基于公司自身研发的数据分析平台搭建了用户的能耗数据分析平台，从所服务的公用电力公司取得大量的家庭能耗数据信息，根据用户的每日耗能计数，测算用户在制冷、用热及其他用能的分配情况，提供节能方案。

欧洲对于综合能源系统的建设以及相关技术的发展也很早就做了规划，在"欧盟第五框架"中，虽然还没有完整的提出对于综合能源系统概念的定义，也并未涉及相关具体细节的制定，但有关能源协同优化的研究被放在显著位置，如 DGTREN（distributed generation transport and energy，DGTREN）项目考虑实现可再生能源综合开发与交通运输清洁化的协调配合；在之后第六、第七框架中，能源协同优化和综合能源系统的相关研究被进一步深化。欧洲各国除了在欧盟框架下，开展一系列关于综合能源系统的相关技术研究外，还根据自身需求开展了大量更为深入的有关综合能源系统的研究。丹麦为了消纳可再生能源，重点研究将不同能源进行整合，通过各能源的协调配合实现用能互补，由于地处北欧，热电联产、热泵、电热等供热技术也得到了广泛使用，使得丹麦的电力、供暖和燃气系统紧密关联，且各能源系统间的互动日益增强。英国由于地理位置的特殊性，在电力方面通过相对小容量的高压直流线路与欧洲大陆联通，天然气系统也类似由容量相对较小的燃气管道相连，所以英国政府长期以来一直把建立一个安全和可持续发展的能源系统作为首要目标。除了发展国家层面的集成的电力-燃气系统，社区层面的分布式综合能源系统的研究和应用在英国也得到了巨大的支持。丹麦和英国的企业注重能源系统间能量流的集成，德国的企业则侧重于能源系统和通信信息系统间的集成，其中 E-Energy 是一个标志性项目，并在2008 年和企业合作重点投资了 6 个示范区项目，该项目旨在推动其他企业和地区积极参与建立以新型信息系统技术通信设备和系统为基础的高效综合能源系统，具体内容如表 1-1 所示。

表 1-1　　　　　　　　　　　　示范项目内容
Demonstration Project Contents

示范项目	地点	核心	内容
eTelligence	库克斯港	提高新能源消纳能力	该地区人口较少，负荷种类单一，风能资源丰富，区域内能源以风电等可再生能源为主，项目运用互联网技术构建了能源调节系统，平抑了新能源的间歇性和波动性
E-DeMa	鲁尔区	通过能源路由器进行能量管理	整合用户、发电商、售电商、设备运营商等 700 个主体，进行虚拟的电力交易。通过能源路由器实现用电监控、需求响应和分布式电力调度
Moma	曼海姆	示范城市项目，提出细胞电网的概念	将分布式能源融入城市原有的配电网和基础设施网络。提出细胞电网的概念，将细胞电网分为 3 个层级：物理细胞、配电网细胞和系统细胞
Smart Watts	亚琛	分布式能源的社区电力交易平台	建立分布式能源的智能电力交易平台，共有 250 个家庭参与。运用信息技术告知用户实时电价，引导居民错峰用电
Reg Mod	哈茨山区	100% 清洁能源	风能、太阳能、生物质能等可再生能源与抽水蓄能水电站进行协调，平抑新能源输出的波动性

　　日本由于其在能源方面及地理位置上的特殊性，国内用能严重依赖进口，因而日本对于能源行业的发展和能源模式的创新具有强烈的意愿，成为最早开展综合能源系

统研究的亚洲国家。日本对能源的协调管理与优化的研究特别重视，为了改善国内整体的能源结构，提高能源供应安全性，结合自身特点，形成了适应于本国发展特色的能源发展之路。与美国设立能源部对能源开展协调管理不同，日本在经济产业省下设立资源和能源厅，对煤炭、石油、燃气、新能源等行业进行一元化的管理，在能源发展战略上强调不同能源间的综合与协调利用，东京丰洲码头的区域智能能源网络配置则是这一战略的具体体现，通过智能网络实现对能源的高效利用和优化配置，具体如图1-4所示。

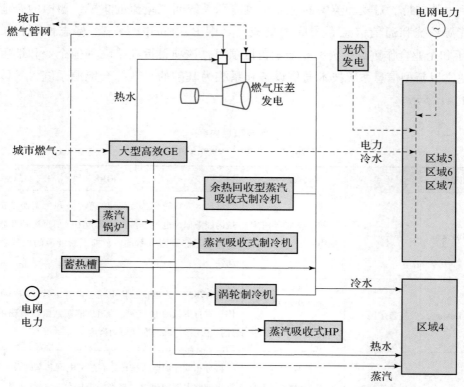

图1-4 东京丰洲码头区域智能能源网络配置

Intelligent energy network configuration map of Branz Tower dock area

目前，国内综合能源服务尚处于起步阶段，但是，近几年，越来越多的综合能源相关项目被提出并加以实施，同时，也有很多传统的能源供应商开始向综合能源服务转型。起初，开展能源服务的企业类型包括售电公司、服务公司和技术公司等，随着市场改革的推进，越来越多的公司开始为用户提供多元的综合能源服务。2016年，国家发展改革委和国家能源局一起印发了《关于推进多能互补集成优化示范工程建设的实施意见》，提出在公共服务用能区域实现冷热多能互补，提高终端供能统一规划和建设水平。同年11月，国内第一个发、配、售电一体化项目获批，即深圳国际低碳城分布式能源项目参与配售电业务，也开始逐步向综合能源服务转型。综合能源服务作为适应现代能源供应体系和消费方式多样化变革需要，融合供能侧多种供能方式和用能侧多种需求响应的能源服务创新模式，具有巨大的市场潜力，发展潜力巨大。2021 年，我国单位国内生产总值（GDP）能耗比 2012 年累计降低 26.4%，年均下降 3.3%，相当于节约和少用能源约 14 亿吨标准煤，按照国家《"十四五"节能减排工作方案》，到 2025 年，我国单位国内生产总值能源消耗比 2020 年下降 13.5%，特别是近几年来，在煤改电、煤改气的供能体制改革之下，由此带动的电力销售、节能服务、天然气销售以及新能源大幅发展创造了巨大的能源市场。巨大潜力之下，能源企业特别是电网企业纷纷行动起来，积极谋划向综合能源服务商转型。一方面，正在积极谋划转型的电网企业会大力建设"源网荷储"协调发展的高端电网，实现电力供给侧与需求侧的互动对接、协调运行，提升清洁能源消纳水平和电网综合能效水平；另一方面，企业会同政府部门积极探索城市能源变革综合解决方案，引领综合能源服务发展。

1.2.2　综合能源系统的优化研究

近几十年来，大型火力发电厂是大多数国家的主要能源来源。化石燃料是发电厂的主要燃料，它们被转化为另一种形式的能源（主要是电力），效率非常低。产生的能量通过传输系统从生产地点到消费地点需要进行很长的距离传输，然后通过复杂的分布式系统在终端用户之间分配到消费地，从消费到生产环节都面临着一系列问题。一方面，输配电基础设施的投资成本高、传输损失大以及基础设施存在的保护和控制问题，导致此类能源系统的成本显著增加。另一方面，单一能源系统已分别进行管理和调度，然而，热电联产、电热泵、电动汽车等新技术的出现导致不同能源系统之间不可避免的整合和互动。因此，综合能源系统需要解决所有能源层的耦合问题，而不仅仅是电力。在这方面，IES 在技术、经济和环境上都具有很大的优势，可以提高系统可靠性、降低运行成本、燃料消耗和系统排放。合理的优化调度是 IES 内部能源耦合、提高能源利用率的关键。

（1）综合能源系统低碳调度。

减少碳排放除了要大力发展新能源，还要减少煤炭等高污染能源的消耗。综合能源系统通过引入碳税惩罚成本、碳交易机制以保证系统调度的环境效益。在推动碳排放过程中不能忽视对经济的影响，必须注重环境效益与经济效益的平衡，这是可持续发展的必要条件。

碳税是根据消耗化石能源过程中产生的碳排量对企业进行征收的一种惩罚成本，通过收取碳税这种经济手段减少碳排放，已经被世界上很多碳排放大国所提倡。北欧是第一个实施碳税以减少二氧化碳排放的地区。其他国家或地区，如法国、意大利、美国科罗拉多州、加拿大魁北克省和不列颠哥伦比亚省等，也都征收了碳税，实现了一定程度的碳减排。中国国家发展和改革委员会宣布，2011 年 10 月，在北京、天津、上海、重庆、广东、湖北、深圳等地启动地方碳排放权交易市场试点工作，2017 年 12

月启动全国碳排放权交易市场建设。截至 2023 年底，全国碳排放权交易市场共纳入 2257 家发电企业，累计成交量约 4.4 亿吨，成交额约 249 亿元人民币，碳排放权交易的政策效应初步显现。

碳交易机制最早在 1997 年日本的《东京议定书》中被提出，其通过对碳排放额度的买卖使得高碳排企业承担更多的碳排成本，而低碳排企业则获得更多的收益，从而实现对碳市场的优化调控。我国作为碳排放大国，近年来也在积极推进国内的碳减排进程，从 2011 年便开始着手研究碳交易机制的建立，并相继展开了八个地区性的碳交易中心，2021 年 7 月全国性的碳交易市场正式建立。

综合能源系统的低碳调度策略是促进可再生能源消纳、提升系统运行环境效益的有效途径。

（2）考虑电–气不同时间尺度的优化调度。

现有研究主要集中在多能量耦合和多时间尺度调度的调度时间分析，通过细化调度时间尺度，逐级修正调度计划，减少可再生能源和多重负荷出力波动带来的不确定性。通过缩短调度时间尺度的方式减小不确定性因素的影响，根据侧重点不同，日前日内采用不同的方式进行调度，但不能根据系统运行实时状态进行跟踪调整，将日前–日内两阶段调度进一步细化为日前–日内–实时调度，根据系统实时运行状态和设备实际出力对日内滚动计划进行实时修正。但由于 IES 电、气、热各子系统动态时间尺度不同，若采取相同的调度指令间隔，快动态系统如电力系统能迅速达到稳定状态，而慢动态系统如冷、热、气系统仍然处于动态过程，在相关已有研究中，IES 中热、冷、气的慢响应特性往往被忽略，在满足了短时间尺度带来的实时平衡的优势时，无法同时兼顾慢动态子系统需要长时间尺度进入稳定状态的要求。

在日前–日内–实时多时间尺度调度策略中，实时阶段可以很好地满足系统实时修正预测误差的要求。模型预测控制（model predictive control，MPC）引入了状态量反馈校正环节，通过闭环动态优化，修正预测误差等因素造成的优化调度偏差，逐渐被应用于 IES 日内优化调度中。当前研究中日前调度普遍为小时级调度，在日内调度阶段通常先基于大时间尺度滚动优化日前调度计划，后基于分钟级的实时运行状态对系统的调度策略进行调整，但所有能源层均采用统一时间尺度，并未考虑各能源层的时滞特性影响。

（3）含多微能网的综合能源系统优化调度。

以燃气轮机为核心的冷热电三联供（combined cooling, heating and power，CCHP）系统集制冷、供热和发电于一体，通过能源梯级利用大幅提高能源利用率，环境污染小，近年来得到了快速的发展，适合作为多能源耦合枢纽的基础，电、气、冷、热的互补融合也将"微电网"的概念推广为"微能网"。微能网是一种由分布式能源、储能装置、能量转换装置、负荷、监控和保护装置等组成的小型能源管理、传输和调配的分布式综合能源系统，是能源互联网负荷侧的物理载体。微能网由供电、供气、供热/冷等供能系统耦合而成，可通过多种能源转化与负荷聚合合理利用用户的用能需求特点和本地资源条件，实现能源的梯级利用。此外，微能网既可以与上级综合能源系统并网运行，也可以孤岛运行，是能源互联网建设中的重要组成部分。

近年来，我国在国务院、国家能源局和工信部三部委的助推下对微能网的研究逐渐深入，旨在充分利用各类能源的时空耦合和互补替代实现能源的梯级利用，减少化石能源的消耗，促进新能源的消纳，降低碳排放。大量的高校与企业纷纷开展微能网试点工程的建设，多个微能网示范工程在国家政策的支持下取得了较大进展，例如，我国的协鑫"六位一体"能源互联网项目包含光伏、天然气三联供、风能、低位热能、节能技术和储能系统 6 种能源系统，实现节约社会相关能源投资 30% 以上、单位能耗下降 40%、能源利用效率提高 40%、能源自供率超过 50%、整个建筑节能达到 30% 以上，促进了能源生产和消费方式的革命性变化，为未来微能网投入实际运营提供了宝贵的经验。我国的微能网试点项目如表 1-2 所示。

表 1-2　　　　　　　　　　　　我国微能网试点项目
Assistant units of International System of Units

项目名称	项目包含元素	项目所在地	项目进展
国网客服中心北方园区项目	光伏、地源热泵、冰蓄冷、储能微网、太阳能空调、太阳能热水、电锅炉七个子系统及绿色复合能源网运行调控平台	天津东丽区国网客服中心办公园区	2015 年 6 月投运
国网天津北辰商务中心绿色办公综合能源示范工程	屋顶光伏、风电（很小）、风光储一体化、地源热泵、电动汽车分时租赁系统	天津北辰区管委会大楼	2017 年 5—9 月陆续投运
国网江苏公司苏州同里综合能源服务中心	光伏、高温相变光热发电、风电、地源热泵、微网路由器、冰蓄冷、压缩空气储能等	苏州吴江区新建厂区	2020 年全部投运
常州工厂微能网示范项目	光伏、天然气分布式、冰蓄冷、储能、V2G 示范项目以及能源管理平台	天合光能常州工厂	2019 年一期投运
协鑫"六位一体"能源互联网项目	光伏、天然气三联供、风能、低位热能、节能技术、储能系统 6 种能源系统	苏州协鑫工业应用研究院	2015 年全部投运

（4）考虑多能用户响应的优化调度。

近年来，随着综合能源系统的不断发展和能源市场的逐渐开放，国内外学者针对应用于综合能源系统的需求响应也开展了多方面的研究。综合需求响应利用了综合能源系统中多种能源载体之间的互补特性，旨在充分利用所有负荷的需求响应能力，提高综合能源系统经济效益的同时，保障整个系统安全可靠运行。在综合需求响应中，负荷不仅可以通过协调能源消耗的时段实现用能转移，还可以通过能源的替换改变能源消耗的种类。所以，在所有的能源负荷中，包括必须运行的负载部分，都可以主动为保障供需平衡提供特定能源的调节功率。在整个综合能源系统中，各能源系统间的耦合设备是实现能源间互补互济的关键。目前，大部分研究主要集中在以冷热电联产机组为核心的综合能源系统，冷热电联产机组可通过改变自身的出力特性，协调各个子系统的用能关系，实现广义上的需求响应。通过建立一主多从的博弈优化模型是当前实现各方利益最大化的主要研究手段。但是对于需求响应的研究，还需考虑用户的参与积极性，由于各种能源都具备一定的商品属性，所以通过灵活的能源价格调整来引导用户进行用能调整是当前的主要手段。随着天然气和电力市场化，阶梯定价、分时定价等定价方式在资源优化配置和提高能效等方面的优势日益凸显，考虑价格引导的综合需求响应是进一步提升 IEGS 运行性能的重要解决措施。

综上所述，我国的综合能源发展存在着很大的市场潜力，在当前全球经济复苏和能源轻型的关键期，我国正面临着能源消费方式改变和能源结构调整的重要机遇；考虑到当前我国自身的实际需求，综合能源的发展及相关技术的研究将成为我国未来能源行业发展的增长点，所以，尽早发展综合能源，因地制宜地从我国自身的能源结构出发，探索并建立适用于我国自身发展结构与体系的综合能源系统理论体系，对保障我国未来能源安全、抢占国际能源领域的技术制高点，进一步扩大我国在国际能源领域的话语权具有极其深远的意义。

第二章

综合能源系统元件模型及概率能流分布

2.1 综合能源系统基础构架

IES 系统由能量产生、转换、存储装置和负荷四大部分组成，各系统之间通过能源集线器（energy hub，EH）进行耦合。典型 IES 结构如图 2－1 所示。通过多能协调互补提升能源利用效率，不仅可满足需求侧用户对于冷、热、气、电等用能类型的多种需求，还可保障能源的可持续性，响应"双碳"目标。

IES 采用了创新的技术和模式，整合系统不同形式的能源，使他们协同互补、相互转化，在满足负荷的同时，减少了系统运行成本，提高了可再生能源利用率。比如，在电价或天然气价格处于低谷时段时，大量购入低价的能源，用储能装置进行储存，并在负荷高峰时期（电价/气价高峰时期）让储能装置放能，满足负荷差额。或者当某一类能源价格较高时，通过转化设备配合协调，将低价的能源转化为高价的能源满足负荷要求，不进行大量能源购入，降低购入成本。综合能源系统打破了各种能源系统之间常规物理隔离的壁垒，顺应了可再生能源发展的趋势，可以有效实现能源的互补协同。

综合能源运营商（integrated energy operator，IEO）打破不同能源行业之间的壁垒，对电力、天然气进行联合调度，实现能源互联网的优化运行。IES 主要由电力系统、天然气系统、能源供给侧耦合部分、单一能源负荷和多种微能网组成，如图 2－2 所示，其中，电力系统与天然气系统共同构成 IES 的主网，主网与各微能网间的能源交易量通过 IEO 完成。微能网中的主要设备有热电联产机组、风电、电锅炉、储电设备和储气设备等，具有孤岛运行与并网运行两种模式，为打破联供机组"以热定电"运行模式和电力负荷与天然气负荷之间相互替代以及不同能源转换提供了硬件条件。此外，

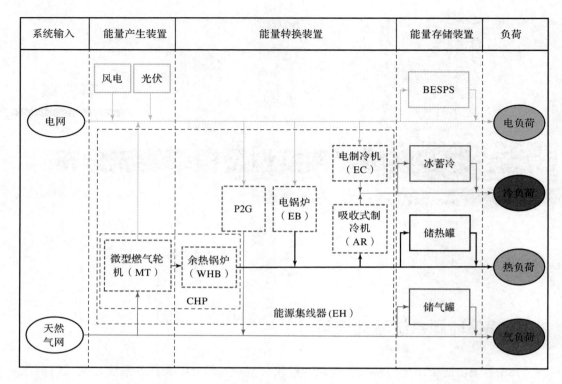

图 2－1 IES 结构

Structure of IES

———— 电气设备单元；———— 热力设备单元；———— 供冷设备单元；

———— 天然气设备单元；------- 能源集线器设备

由于电能可以双向传输，微能网中接入的新能源系统发电既可就地消纳，也可余电上网，但是天然气是通过压力阀逐级传输，所以，天然气只能向微能网单向传输。

各微能网内部通过耦合设备实现电－气－冷－热交互，提升系统运行的经济性和可靠性，常见耦合设备如表 2－1 所示。

当微能网内某种能源短缺时，通过对该微能网内部能源转化设备和新能源发电向内部用户供给电能、热能和冷能，实现多能的负荷平衡；当微能网无法解决自身多能负荷平衡的情况下，通过上级综合能源系统能源转供实现多能负荷的平衡，电能通过中低压配电网络实现互联，天然气能通过管网实现互联，由于热能和冷能不能远距离输送，故不考虑多微能网中的冷能和热能与主网的交互。此外，微能网的终端电、热负荷包含可中断、可削减和采暖负荷，进一步增强了微能网的调节弹性，主网可利用微能网双向调节的能力制定优化调度策略，以达到降低运行成本、促进新能源消纳的效果。

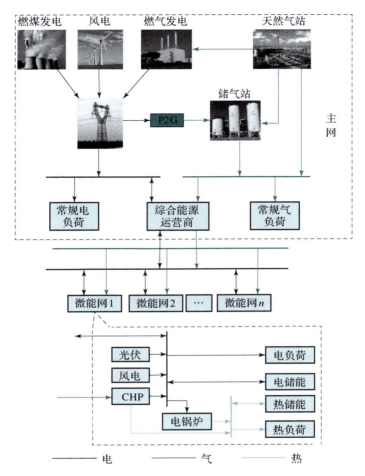

图 2 - 2　含多微能网的综合能源系统结构

IES structure diagram with multi – micro energy grid

表 2 - 1　　　　　　　　　　　常见的耦合设备

Equipment capacity of each micro – energy network

耦合系统	输入能量	输出能量	物理设备
气 - 电	燃气能	电能	燃气轮机
气 - 热	燃气能	热能	燃气锅炉
电 - 气	电能	燃气能	P2G
电 - 热	电能	热能	电锅炉
热 - 电	热能	电能	蒸汽轮机

2.2 系统典型设备建模

2.2.1 新能源机组模型

（1）光伏发电。

光伏发电是一种通过光伏效应将光辐射转化为电能的发电技术，主要由光能收集装置、控制装置、电流变换装置等组成。将组成的大量太阳能电池串联并进行封装，由此可以形成大面积的太阳能电池组件，搭配功率控制装置等元器件共同组成了光伏发电装置。其数学模型有

$$P_{PV}(t) = l_{PV}NP_{PV}^N[1 + 0.005(T_e(t) - T_{STC})]I_{PV}(t)/I_{STC} \qquad (2-1)$$

式中：l_{PV}为光伏设备因损耗、灰尘等因素引起的功率损耗系数；N为光伏阵列中光伏电池板数量；$P_{PV}(t)$为t时刻光伏系统输出功率；P_{PV}^N为光伏系统标准测试条件下的额定功率；$T_e(t)$为光伏设备的实际条件下的环境温度；T_{STC}为光伏设备额定条件下的环境温度；$I_{PV}(t)$和I_{STC}分别为实际条件下的光照强度和额定条件下的光照强度。

（2）风力发电。

风力发电的工作原理为风力带动风机叶片转动，将风能转化为机械能，叶片转动

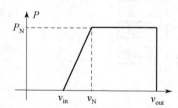

图 2-3　风电输出功率与风速关系
Relationship between wind power and wind speed

带动发电机运行，机械能转化为电能。风机的运行状况与风速紧密相关，当实际风速处于切出风速或小于切入风速时，风机处于停机状态；当实际风速处于切入与切出风速之间时，风机正常工作，由于风速具有一定的随机性与不确定性，故风力发电输出功率具有较大的波动性。式（2-1）和图 2-3 分别从函数和曲线方面表示了风力发电机的输出功率与实际风速的关系，则有

$$P_{WT}(t) = \begin{cases} 0 & 0 \leq v(t) \leq v_{in}, v(t) \geq v_{out} \\ P_N\left(\dfrac{v(t)^2 - v_{in}^2}{v_N^2 - v_{in}^2}\right) & v_{in} \leq v(t) \leq v_N \\ P_N & v_{in} \leq v(t) \leq v_N \end{cases} \qquad (2-2)$$

式中：$P_{WT}(t)$为t时刻风力发电机输出功率；$v(t)$为t时刻风速；v_{in}为风力发电机切入风速；P_N为风力发电机额定功率；v_N为额定风速；v_{out}为风力发电机切出风速。

2.2.2 燃气轮机模型

燃气轮机有多种尺寸，当提到微型燃气轮机时，一般是指 30kW 功率的小型机组，

如今微型燃气轮机装置的总容量可以达到兆瓦级。微型燃气轮机基本工作原理是：通过压缩空气在燃烧室中燃烧，产生高温高压空气，推动转子转动，转子通常以非常高的轴速（高达100000rpm）运行，将天然气能转化为电能，并使用电子功率逆变器进行功率调节，以产生频率与电网频率相同的交流电。热回收器通常安装在排热气部分，以预热压缩燃烧空气，减少燃料消耗，实现高达30%的循环效率。燃烧室中燃气燃烧产生大量的热，通过余热回收装置作用，可以转化为热能。当微型燃气轮机工作在热电联产模式时，其电能转化效率高达75%~90%，微型燃气轮机排放低，可提供稳定的电源，操作灵活，是常用的能源转化装置。

微型燃气轮机产电和产热的数学模型为

$$P_{mt} = V_{mt} \cdot H_{ng} \cdot \eta_{mt}$$
$$Q_{mt} = V_{mt} \cdot H_{ng} \cdot (1 - \eta_{mt} - \eta_{loss}) \tag{2-3}$$

式中：P_{mt}、Q_{mt}分别为微型燃气轮机输出电功率与热功率，kW；η_{loss}为微型燃气轮机能量损耗率；V_{mt}微型燃气轮机每小时的天然气耗量，m^3；H_{ng}为天然气热值，取$9.78kW \cdot h/m^3$。

燃气热电联产机组是以天然气为燃料，集发电、供热于一体的能源供给系统。与传统分供系统相比，燃气热电联产机组通过余热回收装置对燃气机组发电余热进行回收，实现了能源的梯级利用，具有供能可靠、节能减排等诸多优势。燃气热电联产机组主要包括燃气轮机和余热锅炉，其数学模型为

$$H_{CHP}(t) = \alpha \cdot P_{CHP}(t) \tag{2-4}$$

$$G_{CHP}(t) = \frac{1}{Q_{LHV}} \cdot \frac{P_{CHP}(t)}{\eta_{CHP}(t)} \cdot \Delta t \tag{2-5}$$

式中：$H_{CHP}(t)$为t时段CHP机组余热锅炉产生的热功率；$P_{CHP}(t)$为t时段CHP发电量；$G_{CHP}(t)$为t时段CHP天然气的消耗量；Q_{LHV}为天然气热值；α为热电比。

2.2.3 P2G装置

P2G耦合电网与气网，可以解决能源系统转型带来的问题，因为它可以在新能源大发时期，将多余的电力转化为天然气，平衡电力需求和供应电力之间的盈余。其数学模型为

$$E_{P2G,gas} = \frac{\eta_{P2G} \times P_{P2G}}{H_{gas}} \tag{2-6}$$

式中：$E_{P2G,gas}$为P2G输出的天然气体积；η_{P2G}为P2G的转换效率；P_{P2G}为P2G消耗的电能；H_{gas}为天然气热值。

2.2.4 碳捕集设备模型

根据CO_2捕集原理和流程的不同，现有的碳捕集技术可以分为燃烧前捕集、燃烧

后捕集与富氧燃烧捕集3个主要类别。其中，燃烧前捕集技术则使燃料首先进入气化炉气化得到合成气，其经变换后成为 CO_2 和 H_2 的混合物，再对 CO_2 和 H_2 进行分离，从而实现能量和碳的分离；燃烧后捕集技术将从电厂燃烧后产生的烟气中捕集和分离 CO_2；而富氧燃烧技术利用空分系统制取富氧或纯氧，然后将燃料与 O_2 一同输送到纯氧燃烧炉进行燃烧，所生成烟气的主要成分为 CO_2 和 H_2O，比较容易分离，同时燃烧后的部分烟气重新注回燃烧炉。从技术成熟水平和发展现状看，燃烧后捕集技术适用范围广，对已有电厂继承性好，几乎不影响上游发电设备的燃烧过程，是当前碳捕集电厂采用的主流技术。未作特别说明时，本书所述碳捕集电厂均特指采用燃烧后捕集技术的碳捕集电厂。

在传统燃煤电厂或天然气电厂中加装碳捕集设备后，电厂即改造为碳捕集电厂，其能量流框图如图2-4所示。

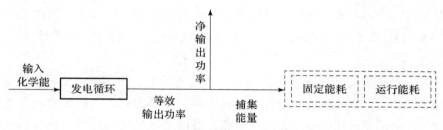

图2-4 碳捕集电厂的能量流框图

Framework of energy flow for carbon capture plant

结合碳捕集电厂的技术原理及其捕集流程，碳捕集电厂的模型列写如下

从燃烧的烟气中捕集的 CO_2 可表示为

$$M_{i,t}^{CO_2} = \gamma_{i,t}\eta_i P_i \qquad (2-7)$$

式中：P_i 为碳捕集电厂 i 的总功率；$M_{i,t}^{CO_2}$ 为 i 时段捕集的 CO_2 质量；η_i 为 CO_2 捕集率；$\gamma_{i,t}$ 为该电厂的 CO_2 排放强度。

碳捕集系统在运行过程中会产生一定的能耗，该运行能耗与碳捕集系统处理的 CO_2 的量成正比，可表示为

$$P_{y,i} = \theta_i M_{i,t}^{CO_2} \qquad (2-8)$$

式中：$P_{y,i}$ 为碳捕集设备的运行能耗；θ_i 为处理单位 CO_2 的能耗。

碳捕集系统在运行过程中，还存在一部分固定能耗。固定能耗与碳捕集系统的运行状态无关，为一个固定的常数。因此，碳捕集电厂的净输出功率可表示为

$$P_{j,i} = P_i - P_i^0 - P_{y,i} \qquad (2-9)$$

式中：P_i^0 为碳捕集设备的固定能耗；$P_{j,i}$ 为碳捕集电厂 i 的净输出功率。

2.2.5 天然气管道模型

与电力系统中的节点电压相类似，天然气系统节点压力 π 为计算天然气系统的主

要状态变量。对于天然气网中的输气管道 ij，稳态条件下管道 ij 的流量 f_{ij} 采用 Weymouth 公式，表示为

$$f_{p.ij} = k_{ij}s_{p.ij}\sqrt{s_{p.ij}(\pi_i^2 - \pi_j^2)} \qquad (2-10)$$

$$s_{p.ij} = \begin{cases} +1 & \pi_i - \pi_j \geqslant 0 \\ -1 & \pi_i - \pi_j < 0 \end{cases} \qquad (2-11)$$

式中：$s_{p.ij}$ 表征管道内天然气流动方向；$f_{p.ij}$ 为管道流量；k_{ij} 为管道阻力系数；π_i 和 π_j 为管网节点 i 和 j 的气压。

若考虑天然气混氢，则其流量方程修正为

$$Q_{0,ij,t} = k_{ij,t}s_{ij,t}\sqrt{s_{ij,t}(\Pi_{i,t}^2 - \Pi_{j,t}^2)} \qquad (2-12)$$

$$k_{ij,t} = \frac{\pi T_0}{4P_0}\sqrt{\frac{R_a D^5}{\lambda Z_t \Delta_t T_{ij,t} L}} \qquad (2-13)$$

$$s_{ij,t} = \begin{cases} +1, & \Pi_{i,t}^2 \geqslant \Pi_{j,t}^2 \\ -1, & \Pi_{i,t}^2 < \Pi_{j,t}^2 \end{cases} \qquad (2-14)$$

$$\lambda = \frac{0.09407}{\sqrt[3]{D}} \qquad (2-15)$$

式中：下角标 t 表示第 t 个时刻；$Q_{0,ij,t}$ 为节点 i 和节点 j 之间混氢天然气的标况体积流量；$k_{ij,t}$ 为表征管道物理特性的系数；$s_{ij,t}$ 为表征气体流动的方向；$\Pi_{i,t}$ 和 $\Pi_{j,t}$ 分别为节点 i 和节点 j 的气压；T_0 为标况温度，取 293K；P_0 为标况压力，取 1.01325×10^5Pa；R_a 为空气的气体常数，取 $287\text{m}^2/(\text{s}^2 \cdot \text{K})$；$D$ 为管道内径；λ 为水力摩阻系数；Z_t 为混氢天然气的压缩系数；Δ_t 为混氢天然气的相对密度；$T_{ij,t}$ 为节点 i 和节点 j 之间混氢天然气的实际温度；L 表示管道的长度。

混氢天然气的相对密度计算公式如式（2-16）、式（2-17）所示。

$$Q_{ij,t} = \frac{RT_0}{P_{ij,t}}\left(\frac{Q_{0,ij,t}\varepsilon\rho_{0,H_2}}{M_{H_2}} + \frac{Q_{0,ij,t}(1-\varepsilon)\rho_{0,CH_4}}{M_{CH_4}}\right) \qquad (2-16)$$

$$\Delta_t = \frac{Q_{0,ij,t}\varepsilon\rho_{0,H_2} + Q_{0,ij,t}(1-\varepsilon)\rho_{0,CH_4}}{Q_{ij,t}\rho_{air}} \qquad (2-17)$$

式中：ε 为混氢天然气中 H_2 的体积分数；ρ_{0,H_2}、ρ_{0,CH_4} 分别为 H_2、天然气的标况密度；M_{H_2}、M_{CH_4} 分别为 H_2 和天然气的摩尔质量；R 为理想气体常数；$P_{ij,t}$ 为节点 i 和节点 j 之间混氢天然气的实际压力；$Q_{ij,t}$ 为节点 i 和节点 j 之间混氢天然气的实际体积流量；ρ_{air} 为相同温度、气压下空气的密度。

混氢天然气的压缩因子既可以通过查图表得到，也可由经验公式计算得出。

$$Z_t = 1 + \frac{\left(0.257 - 0.533\frac{T_{c,t}}{T_{ij,t}}\right)\overline{\Pi}_{ij,t}}{P_{c,t}} \qquad (2-18)$$

$$\overline{\Pi}_{ij,t} = \frac{2}{3}\left(\Pi_{i,t} + \frac{\Pi_{j,t}^2}{\Pi_{i,t} + \Pi_{j,t}}\right) \tag{2-19}$$

式中：$T_{c,t}$、$P_{c,t}$分别为混氢天然气的临界温度、临界压力；$\overline{\Pi}_{ij,t}$为连接节点 i 和节点 j 的管道平均压力。

Kay 法则是确定混合气体临界温度、临界压力最简便的方法，其表达式为

$$P_c = \sum y_i P_{c,i} \tag{2-20}$$

$$T_c = \sum y_i T_{c,i} \tag{2-21}$$

式中：T_c、P_c分别为混合气体的临界温度、临界压力；y_i为混合气体中第 i 种组分的摩尔分数；$T_{c,i}$、$P_{c,i}$分别为混合气体中第 i 种组分的临界温度、临界压力。

Kay 法则通常适用于混合气体中任意两种组分的临界温度之比、临界压力之比在 $0.5\sim2$。由表 2-2 可知，H_2 和天然气的物性指标差距过大，因此，为减小计算误差，混氢天然气的临界温度仍由式（2-21）计算得到，而其临界压力的计算过程为

$$T_{c,t} = T_{c,H_2}\varepsilon + T_{c,CH_4}(1-\varepsilon) \tag{2-22}$$

$$P_{c,t} = \frac{\left[Z_{c,H_2}\varepsilon + Z_{c,CH_4}(1-\varepsilon)\right]T_{c,t}}{v_{c,H_2}\varepsilon + v_{c,CH_4}(1-\varepsilon)} \tag{2-23}$$

式中：T_{c,H_2}、T_{c,CH_4}分别为 H_2、天然气的临界温度；Z_{c,H_2}、Z_{c,CH_4}分别为 H_2、天然气的临界压缩因子；v_{c,H_2}、v_{c,CH_4}分别为 H_2、天然气的临界比容。

表 2-2 　　　　　　　混氢天然气 HCNG 中各组分的物理性质
Physical properties of components in HCNG

组分	甲烷	H_2
摩尔质量/（kg/kmol）	16.043	2.016
临界压力/MPa	4.604	1.293
临界温度/K	190.55	32.98
物理标态下的理想密度（kg/m³）	0.7175	0.0899
物理标态下的理想相对密度	0.5549	0.0695
物理标态下的压缩因子	0.9976	1.0006

2.2.6 压缩机模型

由于天然气管道摩擦阻力的存在，传输过程中会导致压力损失，为补偿天然气输送过程中压力损失，通常在天然气网中会配置一定数量的压缩机来提升管道压力。天然气系统中的压缩机功能与电力变压器有相似之处。但是，压缩机又不同于变压器，采用压缩机提升压力时，需要消耗额外的能量。压缩机根据其耗能种类的不同，又可

以分为燃气轮机驱动和电机驱动两种方式。

（1）燃气驱动压缩机模型。

当采用燃气轮机驱动压缩机时，燃气轮机消耗的流量可等效为加压站的气负荷，如图 2-5 所示。

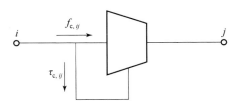

图 2-5 燃气轮机驱动的压缩机
Gas turbine driven compressor

燃气轮机消耗的流量主要由升压比以及流过加压站的流量决定，则有

$$H_k = B_k f_{c,ij} \left[\left(\frac{\pi_i}{\pi_j} \right)^{Z_k \left(\frac{r-i}{r} \right)} - 1 \right] \tag{2-24}$$

$$B_k = \frac{25711 T_k}{\eta_k} \left(\frac{r}{r-1} \right) \tag{2-25}$$

$$\tau_{c,ij} = \alpha + \beta H_k + \gamma H_k^2 \tag{2-26}$$

式中：H_k 为压缩机消耗的功率；B_k 为压缩机参数；$f_{c,ij}$ 为通过压缩机的流量；Z_k 为气体进气压缩因子；T_k 为压缩机温度；η_k 为压缩机效率；r 为气体绝热指数，一般取 1.3；$\tau_{c,ij}$ 为压缩机消耗的流量；α、β、γ 为能量转换效率常数。

（2）电驱动压缩机模型。

采用电力驱动的压缩机模型则有

$$P_{com,k,t} = \frac{m_{com,k,t}^{in} Z_{k,t} R_{mix} T_{k,t}^{in} n_{k,t}}{\eta_{com,k}(n_{k,t} - 1)} \left[\theta_{com,k,t}^{(n_{k,t} - 1/n_{k,t})} - 1 \right] \tag{2-27}$$

$$m_{com,k,t}^{in} = Q_{0,com,k,t}^{in} \varepsilon \rho_{0,H_2} + Q_{0,com,k,t}^{in} (1 - \varepsilon) \rho_{0,CH_4} \tag{2-28}$$

$$T_{k,t}^r = \frac{T_{k,t}^{in}}{T_{c,t}} \tag{2-29}$$

$$P_{k,t}^r = \frac{\Pi_{k,t}^{in}}{P_{c,t}} \tag{2-30}$$

$$R_{mix} = \frac{R}{\varepsilon M_{H_2} + (1 - \varepsilon) M_{CH_4}} \tag{2-31}$$

$$n_{k,t} = \frac{\ln \dfrac{\Pi_{k,t}^{out}}{\Pi_{k,t}^{in}}}{\ln \dfrac{\Pi_{k,t}^{out}}{\Pi_{k,t}^{in}} - \ln \dfrac{T_{k,t}^{out}}{T_{k,t}^{in}}} \tag{2-32}$$

$$\theta_{com,k,t} = \frac{\Pi_{k,t}^{out}}{\Pi_{k,t}^{in}} \tag{2-33}$$

$$\theta_{com,min}^k \leqslant \theta_{com,k,t} \leqslant \theta_{com,max}^k \tag{2-34}$$

式中：$P_{com,k,t}$ 为压缩机 k 消耗的电功率；$m_{com,k,t}^{in}$ 为流入压缩机 k 的混氢天然气的质量；$Z_{k,t}$ 为压缩机 k 入口处混氢天然气的压缩因子；R_{mix} 为混氢天然气的气体常数；$T_{k,t}^{in}$ 为流入压缩机 k 的吸气温度；$n_{k,t}$、$\eta_{com,k}$ 分别为压缩机 k 的多变指数和效率；$\theta_{com,k,t}$ 为压缩机

k 的压缩比；$Q_{0,\mathrm{com},k,t}^{\mathrm{in}}$ 为标况下流入压缩机 k 的混氢天然气的体积流量；$T_{k,t}^{r}$、$P_{k,t}^{r}$ 分别为压缩机 k 的对比温度和对比压力，由 $T_{k,t}$、$P_{k,t}$ 查表可得 $Z_{k,t}$；$\Pi_{k,t}^{\mathrm{in}}$、$\Pi_{k,t}^{\mathrm{out}}$ 分别为压缩机 k 的吸气、排气压力；$T_{k,t}^{\mathrm{in}}$、$T_{k,t}^{\mathrm{out}}$ 分别为压缩机 k 的吸气、排气温度；$\theta_{\mathrm{com,min}}^{k}$、$\theta_{\mathrm{com,max}}^{k}$ 分别为压缩机 k 压缩比的下限、上限值。

2.2.7 制冷设备模型

（1）电制冷机。

电制冷机是将电能转化为冷能的设备，其制冷原理是压缩机消耗电能做功，将低温低压的蒸汽压缩为高温高压的蒸汽，蒸汽传输进冷凝器，冷凝散热，液体进入膨胀阀、蒸发器，吸热制冷。相比于吸收式制冷剂，电制冷的制冷效率高，消耗的电能少，其数学模型为

$$C_{\mathrm{ec}} = \eta_{\mathrm{ec}} P_{\mathrm{ec}} \tag{2-35}$$

式中：C_{ec} 为电制冷机输出的冷功率，kW；P_{ec} 为电制冷机制冷所消耗的电功率；η_{ec} 为 EC 的制冷效率。

（2）吸收式制冷机。

吸收式制冷机是综合能源系统中生产冷能的常用装置，依靠热能来冷却水，因此常常与 CHP 系统完美结合，将吸收式制冷机与热电联产装置相结合可以利用多余的热量。吸收式制冷剂的制冷机理可分为以下几个阶段：当水在发电机中加热时，气压很高，水释放热量并变成蒸汽，蒸汽被引向气压很低蒸发器，然后蒸汽会冷却下来并立即再次变成冷水。当蒸汽吸收热量变成水时，外部温度会下降。水蒸发可以并带走所有不需要的热量，当水蒸气通过冷却塔时，蒸汽在低压环境中冷却并再次变成水。当水与吸收器中的溴化锂混合时，再次通过热交换器并携带更多不需要的热量。简而言之，吸收式制冷机通过压力的突然变化来冷却水，其数学模型为

$$C_{\mathrm{ar}} = \eta_{\mathrm{ar}} h_{\mathrm{ar}} \tag{2-36}$$

式中：C_{ar} 为吸收式制冷机的制冷功率，kW；h_{ar} 为吸收式制冷机消耗的热功率，kW；η_{ar} 为吸收式制冷剂的制冷功率。

2.2.8 制热设备模型

电锅炉是将电能转换为具有一定热能的蒸汽、高温水的锅炉设备，具有效率高、无污染、无噪声等优点，广泛用于厂房、园区、宾馆等。在微能网中，电锅炉可以在各类能源价格的引导下配合燃气热电联产机组满足用户的热负荷需求，打破机组"以热定电"的模式，从而避免系统仅通过热电联产机组产热所产生的高额成本，可有效提高系统运行的经济性与可靠性。电锅炉输入电能与输出热能的应该满足以下关系

$$H_{\mathrm{EB}}(t) = \eta_{\mathrm{EB}} P_{\mathrm{EB}}(t) \tag{2-37}$$

式中：$P_{EB}(t)$ 和 $H_{EB}(t)$ 分别为 t 时段电锅炉的电功率和制热功率；η_{EB} 为电锅炉工作效率。

电锅炉的工作方式与传统燃气锅炉非常相似，不同之处在于它通过电流驱动加热元件加热，而非燃气锅炉通过燃烧气体加热，从本质上来说，电锅炉就是利用电磁感应效应，将电能转化成热能，比燃气锅炉效率更高，因为燃气锅炉燃烧气体时会产生一些废气，锅炉的一些热量也随之流失，造成能源的浪费。由于电锅炉不会产生废气，因此不需要烟道，几乎所有产生的热量都用制热，电锅炉本身不会产生碳排放。在 IES 中，电锅炉主要用于补热作用，当存在热缺口时，备用制热设备将启动。其数学模型为

$$H_{eh} = P_{eh}COP_{eh} \tag{2-38}$$

式中：H_{eh} 为电锅炉的输出的制热功率；P_{eh} 为电锅炉消耗的电功率；COP_{eh} 为电锅炉的能效比。

2.3 储能模型

2.3.1 电储能模型

电储能系统既能储存电能又能释放电能，通过合理的控制，可以实现电力系统中电能的时空有效平衡。电储能不仅可以削峰填谷，降低系统运行成本，而且可以抑制新能源出力的波动，促进新能源的消纳。IES 系统中目前常采用电池实现储电，包括锂电池、液硫电池、钒电池等，不同电池其基本原理相同，可统一等效为蓄电池模型，不同电池特性参数不同。蓄电池的充放电过程如下。

（1）充电状态

$$S_{EES}(t) = (1 - \zeta)S_{EES}(t-1) + \frac{P_c(t)\Delta t \eta_c}{S_{EES}(t)} \tag{2-39}$$

（2）放电状态

$$S_{EES}(t) = (1 - \zeta)S_{EES}(t-1) + \frac{P_d(t)\Delta t \eta_d}{S_{EES}(t)} \tag{2-40}$$

式中：$S_{EES}(t)$ 为 t 时刻蓄电池的剩余电量；ζ 为蓄电池自放电率；$P_c(t)$、$P_d(t)$ 为 t 时刻蓄电池充放电功率；η_c、η_d 为充放电效率。

2.3.2 储热罐模型

储热罐以水为介质存储热量，储热时直接利用供热设备提供的热量加热水，热能将以显热的形式储存在水中。t 时刻储热罐内的储热量及储热状态计算如下

$$Q_{h\_HST}(t) = Q_{h\_HST}(t-1) + \left(\eta_{in}Q_{h\_in}(t) - \frac{Q_{h\_out}(t)}{\eta_{out}}\right)\Delta t \tag{2-41}$$

$$SOHST(t) = Q_{h\_HST}(t) / Q_N \tag{2-42}$$

式中：$Q_{h\_HST}(t)$ 为 t 时刻储热罐中的储热量；$Q_{h\_in}(t)$ 和 $Q_{h\_out}(t)$ 分别为 t 时刻储热罐储、放热功率；η_{in} 和 η_{out} 分别为储热罐的储、放热效率；Q_N 为储热罐的额定储热量。

2.3.3 储碳设备模型

由于 P2G 仅在系统存在弃风时才会启动，而碳捕集电厂在电厂运行期间都有 CO_2 产生，为解决二者在运行时间上不对等的问题，在 P2G 和碳捕集电厂之间增加储碳设备，保证在 P2G 启动时有充足的碳源去合成甲烷。

储碳设备的模型为

$$M_{s,t}^{CO_2} = M_{s,t-1}^{CO_2} + (1 - \lambda_s) M_{i,t}^{CO_2} - M_{t,out}^{CO_2} \tag{2-43}$$

式中：$M_{s,t-1}^{CO_2}$、$M_{s,t}^{CO_2}$ 分别为 $t-1$ 和 t 时刻储碳设备 s 的储碳量；$M_{t,out}^{CO_2}$ 为 t 时刻 CO_2 输出量；λ_s 为储碳损耗系数，取值为 0.05。

储碳设备的储碳量需满足其储碳容量约束

$$M_{s,min}^{CO_2} \leqslant M_{s,t}^{CO_2} \leqslant M_{s,max}^{CO_2} \tag{2-44}$$

式中：$M_{s,min}^{CO_2}$、$M_{s,max}^{CO_2}$ 分别为储碳设备 s 的最小和最大储碳量。

将捕集到的 CO_2 经压缩后储存，不仅减少了碳税支出，还可以通过碳交易市场获利，储存的 CO_2 供 P2G 启动时使用，有效地解决了剩余风电的消纳问题。

2.4 综合能源系统能量流计算方法

2.4.1 统一求解法

统一求解法一般均采用扩展型的牛顿拉夫逊法，将天然气系统和热力系统等的变量作为扩展变量，将电力系统的牛—拉法潮流求解的算法扩展到电力-天然气联合网络的能流求解中。通过输入系统各组件模型的基础参数，构造 IEGS 的复合雅克比矩阵进行潮流求解。

IEGS 的一般性迭代算法可以表示为

$$\begin{cases} \Delta x^{(k+1)} = (J^{(k)})^{-1} \Delta Y^{(k)} \\ x^{(k+1)} = x^{(k)} - \Delta x^{(k+1)} \end{cases} \tag{2-45}$$

式中：$\Delta Y = [\Delta Y_e, \Delta Y_g]^T$ 为电力系统、天然气系统的不平衡量；$x = [x_e, x_g]^T$ 为电力系统和天然气系统的状态量；$\Delta x = [\Delta x_e, \Delta x_g]^T$ 为状态的修正量；上标 k，$k+1$ 为第 k 次和第 $k+1$ 次迭代；J 是雅克比矩阵，具体表示如下

$$J = \begin{bmatrix} J_{ee} & J_{eg} \\ J_{ge} & J_{gg} \end{bmatrix} = \begin{bmatrix} \dfrac{\partial \Delta Y_e}{\partial X_e^T} & \dfrac{\partial \Delta Y_e}{\partial X_g^T} \\ \dfrac{\partial \Delta Y_g}{\partial X_e^T} & \dfrac{\partial \Delta Y_g}{\partial X_g^T} \end{bmatrix} \tag{2-46}$$

式中：对角元素表示系统自身能量流与状态量之间的关系；非对角元素表示不同耦合系统之间的关系。

统一求解法的具体求解流程如图 2 - 6 所示。

统一求解法通过将电网、天然气网的功率平衡方程统一列写，并加入能量枢纽环节的功率平衡方程，通过牛顿拉夫逊法进行统一求解，这种方法的好处是收敛条件简单，求解速度快；但是随着综合能源系统日渐发展，对于采用相对复杂优化模型的能量枢纽，整个系统的端口优化结果很难采用非线性方程表达，兼容性较差。

2.4.2 分解求解法

对于顺序求解法，天然气网络和电力网络的潮流分布分开进行运算，即电力网络和天然气网络根据自己的节电参数与支路参数以及约束条件进行一次潮流计算，并且在一次运算结束之后，结合耦合设备能量模型，

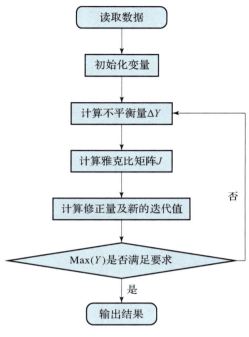

图 2 - 6 统一求解法流程图
Flow chart of unified solution

得到其各自交叉网络的参数，判断是否满足约束条件，如果越限，则调整各自网络耦合节点的参数设置，再次进行独立的迭代计算，待结果满足约束条件，结束计算。具体求解流程如下

（1）输入 IEGS 的电力网、天然气网的网络参数和能源转化设备的基础运行参数，并输入相应的电、气日负荷数据。

（2）通过电力负荷计算电力潮流计算出耦合节点燃气轮机的输出功率，计算所需的天然气值，并带入天然气系统中求解天然气能量流，得到耦合节点的潮流参数即压缩机的消耗功率。

（3）将耦合节点的电功率计入负荷中，形成新负荷数据，根据系统的运行参数、燃气轮机的模型及参数再次求解电力潮流。

（4）将步骤（3）求解得出的燃气轮机出力与步骤（2）中的燃气轮机出力做差，若差值满足精度要求，输出系统能流结果，否则返回步骤（2）重新计算，直到满足精度要求。

顺序求解法流程如图 2 - 7 所示。

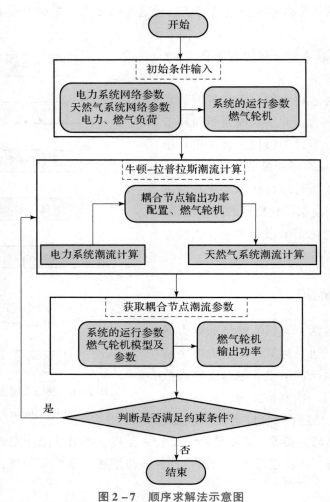

图 2–7　顺序求解法示意图
Schematic diagram of sequential solution method

与统一求解法不同，顺序求解法将电网、天然气网和能量枢纽的功率平衡计算分开按顺序对各部分分别进行求解，结构清晰，但是在求解速度上，较统一求解法要差一点。但是由于当前的 IEGS 已得到了很大程度上的发展，其耦合组件越来越多，越来越复杂，并且电网和气网具有不同的运营主体，各主体间会进行相应的信息交换，因此，顺序求解法更具优势，可行性也更高。

2.5　基于拉丁超立方的概率能量流计算

2.5.1　负荷概率分布模型

在预测区域内各类型的负荷时，不同预测方法和预测模型的选择会带来不同程度的预测误差。另外，工业、农业、居民生活需求的变化，以及季节和地区的差异都会影响负荷的大小，此处负荷对温度和气候不同的敏感性，负荷端耗能设备的启停也有很大的随机性，这些也会导致负荷具有较强的不确定性。各种类型负荷数量巨大，且负荷消耗还在逐渐增加，如果负荷仅考虑为恒功率或恒流量的模型，未考虑由随机性引起的预测误差，会影响对系统的规划调度等。因此，在概率能量流的计算中必须综合考虑各种类型负荷的不确定性。根据负荷历史数据和各种资料中的表述，通常认为负荷呈现正态分布。假定电负荷和气负荷都服从正态分布，其表达式如下

$$f(P) = \frac{1}{\sqrt{2\pi}\sigma_P} \exp\left[-\frac{(P - \mu_P)^2}{2\sigma_P^2} \right] \tag{2-47}$$

$$f(F) = \frac{1}{\sqrt{2\pi}\sigma_F} \exp\left[-\frac{(P - \mu_F)^2}{2\sigma_F^2} \right] \tag{2-48}$$

式中：μ_P 和 σ_P 分别表示电负荷有功功率期望和标准差；μ_F 和 σ_F 分别表示气负荷期望和标准差。

电负荷的无功功率与有功功率呈恒定功率因数关系，故电负荷无功功率概率密度函数为

$$f(Q) = \frac{1}{\sqrt{2\pi}\sigma_P} \exp\left[-\frac{(P - \mu_P)^2}{2\sigma_P^2} \right] \tan\beta \tag{2-49}$$

式中：Q 表示电负荷无功功率；β 表示负荷的功率因数角。

2.5.2　拉丁超立方采样理论介绍

拉丁超立方采样法本质是一种分层采样方法，它可以使得采样点完全覆盖整个采样区间，而且避免了再次抽取到之前的采样点。拉丁超立方采样法是一种通过采样值有效反映随机变量整体分布的方法，与简单随机采样相比该方法在相同采样规模下有更高的采样精度（如图 2-8 所示）。拉丁超立方采样主要有以下两步。

（1）采样。每个输入随机变量都需要先进行采样，生成采样样本，拉丁超立方能够使得采样点完全覆盖采样区域。

拉丁超立方采样过程主要应用的是逆函数转换法。假设采样规模为 N，需要采样的输入随机变量个数为 k，X_k 表示为任意的一个输入随机变量，它的累计概率分布函数为

$$Y_k = F_k(X_k) \tag{2-50}$$

将随机变量的累积分布函数取值范围 [0，1] 划分为 N 个不重叠的子区间，每个区间宽度为 $1/N$，然后根据均匀随机分布在每个范围内随机选择一个点，选择每个区间的中值点为采样点。然后用 $Y_k = F_k(X_k)$ 的反函数来计算 X_k 的采样值。X_k 的第 N 个采样值为

$$X_{kn} = F_k^{-1}\left(\frac{n-0.5}{N}\right) \quad n = 1, 2, \cdots, N \tag{2-51}$$

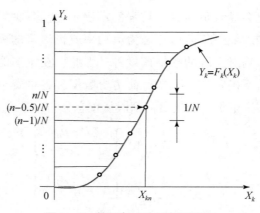

图 2 – 8　拉丁超立方采样原理图

Latin Hypercube Sampling Schematic

采样矩阵的每一行是由随机变量 X_k 的采样值形成。当 K 个输入随机变量采样结束所有的采样值 X_{kn} 形成一个 $K \times N$ 的初始采样矩阵 $\boldsymbol{X}_S$，表示为

$$\boldsymbol{X}_S = \begin{bmatrix} X_{11} & X_{12} & \cdots & X_{1N} \\ X_{21} & X_{22} & \cdots & X_{2N} \\ \vdots & \vdots & & \vdots \\ X_{k1} & X_{k2} & \cdots & K_{kN} \end{bmatrix} \tag{2-52}$$

得到采样矩阵之后，就需要通过下一步的排序，来消除各行之间的相关性。

（2）排列。将采样得到的各随机变量的采样值顺序进行重新排列，用以减小各相互独立的随机变量的采样值的相关性，形成最终的采样矩阵。

拉丁超立方采样在输入随机变量是多个时，计算结果不仅受到采样值的影响，而且与各个采样值之间的相关性也有关。一般相关性越小，计算结果的准确度越高。因此需要对采样值进行排列，通过排列来减小输入随机变量采样点之间的相关性。

在电力系统中，采样得到的不同节点负载之间存在相关性，计算电力系统概率潮流时，需要通过排列来减小其相关性。而将电力系统的概率潮流算法引入 IEGS 中进行概率能量流计算时，不仅需要考虑电力系统中电负荷和天然气系统气负荷内部之间存在相关性，还应考虑到电负荷和气负荷之间的相关性。因此，在进行排列时需同时考虑减小系统内部的相关性以及减小系统之间的相关性。

目前形成的排列方式有很多种，其中最简单的方法是随机排列法。该方法是将初始采样矩阵中的每个随机变量随机取出形成新的采样矩阵，而且要保证每个采样点只被取出一次。但是每次取出输入变量的采样点是随机的，无法保证能够控制各独立变量之间的相关性，则结果也是无法保证的。因此，在拉丁超立方采样法的一些研究中提出使随机变量之间相关性减小到最小的办法。选用一种正确良好的排序法在减小拉丁超立方采样法中的相关性有重大意义。但是排序方法的计算量当采样矩阵数量很大时，计算量也是巨大的，这一点也是选择排序方法时必须考虑的。

要进行排列，首先得形成一个代表最终采样矩阵位置的顺序矩阵 L，在电力系统概率潮流计算中，顺序矩阵 L 也是与采样矩阵 X_S 一样大的 $K \times N$ 阶矩阵。在 IEGS 中为了减小电负荷与气负荷之间的相关性，改进顺序矩阵 L 的行数为电力系统输入随机变量 K_1 和天然气系统输入随机变量 K_2 之和，即此时顺序矩阵 L 为 $(K_1 + K_2) \times N$ 阶矩阵，该顺序矩阵前 K_1 行的行顺序就是电负荷采样矩阵 X_{S1} 行应该排列的位置，顺序矩阵后 K_2 行的行顺序为气负荷采样矩阵 X_{S2} 行应该排列的位置。经过排列之后的矩阵就是最终的采样矩阵，此时的采样矩阵不仅减小了电力系统和天然气系统内部负荷之间的相关性，同时也减小了电负荷与气负荷之间的相关性。形成采样矩阵后用一个 $K \times K$ 的相关系数矩阵 ρ 来评估其行之间的相关性，则有

$$\rho_{\text{rms}}^2(L) = \frac{\sum_{j=2}^{K} \sum_{k=1}^{j-1} \rho_{kj}^2}{(N-1)N/2} \quad (2-53)$$

式中：ρ_{rms} 为相关系数矩阵 ρ 的均方根值；ρ_{kj} 为相关系数矩阵中的非对角元素，代表向量 L_k 和 L_j 之间的相关性，$\rho_{kj} = Cov(L_k, L_j)/\sqrt{\text{var}(L_k)\text{var}(L_j)}$。

采用 Cholesky 分解法排序，以减小拉丁超立方采样法所得输入随机变量之间的相关性。为了组合各随机变量之间的采样点，需要重新排列样本顺序。采用 Cholesky 分解法为相关随机变量创建抽样矩阵的步骤如下。

（1）形成初始顺序矩阵 L，L 的每一行都是随机数 1，$\cdots$，N 的随机排列。

（2）矩阵 L 各行之间的相关系数矩阵为 ρ_L，是正定对称矩阵，可以使用 Cholesky 分解法分解满足

$$\rho_L = DD^T \quad (2-54)$$

式中：D 是非奇异下三角矩阵。

（3）然后可以求得一个 $K \times N$ 维的矩阵 G，G 的相关系数矩阵是 $K \times K \times K$ 的单位阵为

$$G = D^{-1}L \quad (2-55)$$

此时计算得到的 G 矩阵并不能直接表示采样矩阵中的点应该最终排列的位置，因为此时计算得到的 G 矩阵中的数字不是正整数。所以需要再得到 G 中的元素按照从小到大的升序排列的位置号，用这个位置号更新 L 矩阵的结果来表示采样矩阵最终的排列顺序。然后就可以根据新的顺序矩阵 L 来对初始采样矩阵进行排列。由于形成的矩阵 G 的相关系数矩阵是一个单位矩阵，则其各个行之间是不相关的。用 G 矩阵元素从小到大的顺序来更新了 L 矩阵之后，与初始的 L 矩阵相比，行之间相关性减小。

2.5.3 概率能量流计算

对于两系统耦合模型，采用分解求解法可以针对每个系统单独求解，求解算法简便，而且可以避免大规模系统导致雅克比矩阵维数高而导致的计算时间长的问题，因此在 IEGS 稳态能量流计算时采用分解求解法。

概率能量流计算方法如下。

（1）输入数据，包括电－气耦合系统拓扑、参数等信息以及电负荷和气负荷的概率分布。

（2）对电、气负荷进行拉丁超立方采样，产生 N 个输入样本，并针对 IEGS 系统采用 Cholesky 分解法对采样点进行排序。

（3）进行 N 次确定性潮流计算，每次确定性潮流计算步骤为

1）先计算此时电力系统潮流，得到燃气轮机输出电功率，计算所需天然气值。

2）代入所得天然气值求解天然气系统能量流，得到压缩机消耗的电功率。

3）将压缩机消耗的电功率计入电力系统负荷中，再次求解电力系统潮流。

4）将第 3 步所得燃气轮机出力与第 1 步做差。

5）若差值满足精度要求，则输出能量流结果，否则重复步骤 1~4，直至满足精度要求。

（4）对全部采样点的计算结果进行统计，得到输出变量的概率密度分布。

本章小结

本章首先对综合能源系统的结构与特点进行了介绍，然后针对系统中的典型设备进行了数学建模，得到了相应的输出方程，包括光伏发电模型、风力发电模型、蓄电池模型、储热罐模型、P2G 装置、热电联产机组模型以及电锅炉模型等；其次，构建了电力系统与天然气系统模型；最后，介绍了基于拉丁超立方的概率能量流并针对综合能源系统能量流计算的方法并分析不同方法之间的差异。

第三章

电–气综合能源系统低碳经济调度

在节能减排与发展低碳经济的时代背景下，以风电和光伏发电为代表的可再生能源迎来了良好的发展机遇。目前，全国风电总装机突破 10 亿千瓦，确立了建设大规模、集中式风电的发展道路，但是考虑到电网的运行安全以及在调峰方面的时效问题，大规模风电机组的发展也带来了风电无法消纳的问题。此外，在应对环境问题方面，减排 CO_2 已经成为应对全球气候变化的核心共识与关键举措。电力行业作为中国国民经济中最大的 CO_2 排放部门，在面临巨大减排压力的同时，也显示出可能的减排潜力。

碳捕集与封存（carbon capture and storage，CCS）技术作为当前最受关注的低碳技术之一，可以将 CO_2 从工业、能源部门的排放源中分离出来，输送到一个安全的封存地点，并长期与大气隔绝。CCS 技术主要包括 CO_2 捕集、传输与封存 3 个环节，其中，CO_2 捕集环节与电力系统紧密相关。在传统火力发电厂中引入 CO_2 捕集系统，即形成碳捕集电厂，可对电厂所排放烟气中的 CO_2 进行分离和处理，从而规避其排入大气所引起的气候变化，实现化石燃料的可持续利用。碳捕集电厂由此具有显著的低碳属性。可以预见，随着低碳理念的逐步深入、低碳环境的逐步建立以及低碳技术的逐步成熟，碳捕集电厂将依托 CCS 技术的快速发展而成为未来电源结构中一个新型而重要的组成部分，并将深刻影响电力系统的规划、建设、调度等各个环节，赋予未来电力行业全新的运行模式与发展机制。除此之外，各国通过碳排放交易和碳税机制将电厂 CO_2 排放量转换成经济货币来控制，碳税对碳减排的影响高于碳交易，征收碳税的实施成本低于碳交易实施成本。基于此，在电力系统调度模型中提出了一种以储碳设备为枢纽连接碳捕集电厂和电转气设备的运行模式，并构建了考虑了碳捕集系统和 P2G 联合运行的电–气综合能源系统低碳经济调度模型，对比通过征收碳税和考虑气荒因子对 CO_2 减排的影响，对系统的优化作用进行了分析和验证。

3.1　考虑碳捕集系统和 P2G 联合运行的 IEGS 低碳经济调度

3.1.1　综合能源系统运行模式

　　根据碳捕集系统和 P2G 设备各自的运行特点，若碳捕集系统能够与电转气设备联合运行，将对提升系统的经济性以及降低碳排放起到显著作用。一方面由于系统中存在大量的风电机组，风电由于自身的反调峰特性，在负荷低谷往往正处于风电机组的出力高峰，所以会存在大量的弃风现象，虽然引入 P2G 可以很好地解决这一问题，但是 P2G 的运行需要大量的碳源作为原料，如果外购碳原料，会给系统增加额外的成本，在系统中将部分燃煤电厂加装碳捕集系统可以有效解决 P2G 的碳原料外购问题。另一方面，碳捕集电厂将捕集到的 CO_2 经压缩后储存，不仅减少了碳税支出，还可以通过碳交易市场获利。但是 P2G 仅在系统存在弃风时才会启动，而碳捕集电厂在整个电厂运行期间都有 CO_2 产生，为解决二者在运行时间上不对等的问题，在 P2G 和碳捕集电厂之间增加了储碳设备，提出了以储碳设备为枢纽连接碳捕集系统和 P2G 设备的灵活运行模式，如图 3－1 所示。

　　由图 3－1 中可知，碳捕集系统通过从化石燃料燃烧后产生的烟气中捕集 CO_2，然后将捕集的 CO_2 送到储碳设备进行存储，由于燃煤电厂在整个综合能源系统中占很重要的比重，但储碳设备的容量有限，所以额外的 CO_2 可以通过其他途径传输、运输，并在碳交易市场获利。此外，P2G 设备在系统存在大量剩余风电时启动，此时，利用剩余风电供能给电解设备电解水，产生的 H_2 与储碳设备提供的 CO_2 发生萨巴蒂埃反应合成甲烷，合成的甲烷又可以供给燃气轮机发电，实现循环利用。

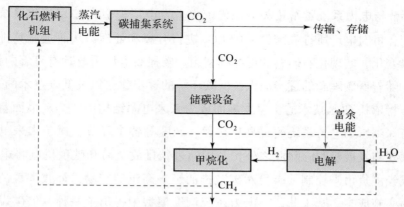

图 3－1　以储碳设备为枢纽连接碳捕集系统和 P2G 设备的运行模式
The operation mode of connecting carbon capture system and P2G equipment
with carbon storage equipment as a hub

碳捕集设备和储碳设备模型详见第二章。

3.1.2 目标函数

低碳经济调度模型包含三个部分，分别是系统的运行成本、弃风惩罚成本和二氧化碳相关成本。其模型如下

$$\min(C_e + C_g + C_{P2G} + C_{cur} + C_{CO_2}) \tag{3-1}$$

式中：C_e 为非燃气机组运行成本；C_g 为系统购气成本；C_{P2G} 为 P2G 运行成本；C_{cur} 为系统弃风成本；C_{CO_2} 为二氧化碳相关成本。

（1）非燃气机组运行成本 C_e 主要是燃煤机组的运行成本，则有

$$C_e = \sum_{t \in T, i \in \Omega_G, i \notin \Omega_{GT}} \left[S_i + f(P_{G,i,t}) \right] \tag{3-2}$$

式中：T 为调度周期；Ω_G 为燃煤发电机组集合；Ω_{GT} 为燃汽轮机组集合；S_i 为火电机组 i 在时段 t 的启动费用；$P_{G,i,t}$ 为火电机组 i 在时段 t 的出力；$f(P_{G,i,t})$ 为时段 t 火电机组 i 的发电成本函数，采用机组二次费用模型，表示为

$$f(P_{G,i,t}) = a_i P_{G,i,t}^2 + b_i P_{G,i,t} + c_i \tag{3-3}$$

式中 a_i、b_i、c_i 为火电机组 i 的耗量特性参数。

（2）燃气机组耗气成本 C_g 为

$$C_g = \sum_{t \in T, j \in \Omega_{GT}} C_N Q_{N,j,t} \tag{3-4}$$

式中：Ω_{GT} 为燃气机组集合；C_N 为天然气价格；$Q_{N,j,t}$ 为 t 时刻燃气机组 j 的天然气供应量。

（3）P2G 运行成本 C_{P2G} 为

$$C_{P2G} = \sum_{t \in T, k \in \Omega_{P2G}} C_{P2G,k} P_{P2G,k,t} \tag{3-5}$$

式中：Ω_{P2G} 为电转气集合；$C_{P2G,k}$ 为电转气 k 的运行成本；$P_{P2G,k,t}$ 为 t 时刻电转气 k 转化的有功功率。

（4）系统弃风成本 C_{cur} 为

$$C_{cur} = \sum_{t \in T, p \in \Omega_{wind}} C_{cur,p} \delta_{p,t} P_{wind,p,t} \tag{3-6}$$

式中：Ω_{wind} 风电场接入点集合；$C_{cur,p}$ 为风电场 p 的弃风惩罚系数；$\delta_{p,t}$ 为 t 时刻风电场 p 的弃风率；$P_{wind,p,t}$ 为 t 时刻风电场 p 的可用有功出力。

（5）二氧化碳相关成本 C_{CO_2} 包括化石燃料机组排放 CO_2 的碳税成本和储碳设备的储碳成本，则有

$$C_{CO_2} = \sum_{t \in T} \left[p^{ts} \left(\sum_{i \in \Omega_{CG}} \mu_{i,CG} P_{i,CG} + \sum_{i \in \Omega_{GT}} \mu_{i,GT} P_{i,GT} \right) + p^s M_{s,t}^{CO_2} \right] \tag{3-7}$$

式中：Ω_{CG} 为常规火电厂机组集合；$\mu_{i,CG}$、$\mu_{i,GT}$ 分别为常规火电机组和燃气机组的 CO_2 排放强度；$P_{i,CG}$、$P_{i,GT}$ 分别为常规火电机组和燃气机组的出力；$M_{s,t}^{CO_2}$ 为储碳设备的 CO_2

存储量；p^{ts} 为碳税价格；p^s 为 CO_2 存储价格。

3.1.3 约束条件

（1）电网运行约束。

1）功率平衡约束

$$\sum_{i \in \Omega_{G,j}} P_{i,t} - \sum_{(h,j) \in \Omega_{F,j}} P_{hj,t} + \sum_{(h,j) \in \Omega_{E,j}} P_{hj,t} - D_{j,t} = 0 \qquad (3-8)$$

式中：$P_{hj,t}$ 为支路 h–j 的潮流；$D_{j,t}$ 为节点 j 电力负荷需求；$\Omega_{G,j}$ 为节点 j 所连机组集合；$\Omega_{F,j}$ 和 $\Omega_{E,j}$ 为以节点 j 为起点和终点的线路集合。

2）机组出力约束

$$P_{G,i}^{\min} \leqslant P_{G,i,t} \leqslant P_{G,i}^{\max} \qquad (3-9)$$

式中：$P_{G,i}^{\min}$ 和 $P_{G,i}^{\max}$ 分别为机组 i 的最小和最大出力值。

3）机组爬坡约束

$$P_{G,i,t} - P_{G,i,t-1} \leqslant R_{U,i} \qquad (3-10)$$

$$P_{G,i,t-1} - P_{G,i,t} \leqslant R_{D,i} \qquad (3-11)$$

式中：$R_{U,i}$ 和 $R_{D,i}$ 分别为发电机组 i 上、下爬坡的上限。

4）线路传输功率约束以及节点电压约束

$$-P_{hj}^{\max} \leqslant P_{hj,t} \leqslant -P_{hi}^{\max} \qquad (3-12)$$

$$-\theta_j^{\max} \leqslant \theta_{j,t} \leqslant \theta_j^{\max} \qquad (3-13)$$

式中：$P_{hj}^{\max}$ 为线路 (h, j) 的最大传输功率值；$\theta_j^{\max}$ 为电压相角最大值，通常取 $\dfrac{\pi}{2}$。

（2）天然气网约束。

1）天然气流量平衡约束

$$S_{G,i,t} + Q_{S_{out},i,t} - Q_{S_{in},i,t} + \sum_{i \in j} \left(F_{ij_{out},t} - F_{ji_{in},t} \right) + F_{P2G,i,t} - F_{GT,i,t} - F_{com,i,t} - F_{L,i,t} = 0$$

$$(3-14)$$

式中：$S_{G,i,t}$ 为节点 i 所连的气源供气流量；$Q_{S_{in},i,t}$、$Q_{S_{out},i,t}$ 为节点 i 的储气罐注入和输出流量；$i \in j$ 为所有与节点 i 相连的节点；$F_{P2G,i,t}$ 为 t 时刻电转气 i 转换得到的天然气流量；$F_{GT,i,t}$ 为 t 时刻燃气轮机 i 的天然气耗量；$F_{com,i,t}$ 为 t 时刻流过与节点 i 相连的压缩机的天然气流量；$F_{L,i,t}$ 为 t 时刻节点 i 的天然气负荷。

2）气源点供气约束

$$S_{G,i}^{\min} \leqslant S_{G,i,t} \leqslant S_{G,i}^{\max} \qquad (3-15)$$

式中：$S_{G,i}^{\max}$ 和 $S_{G,i}^{\min}$ 分别为气源点 i 的天然气供应流量上下限。

3）储气罐约束。

$$0 \leqslant Q_{S_{in},i,t} \leqslant Q_{S_{in},i}^{\max} \qquad (3-16)$$

$$0 \leqslant Q_{S_{out},i,t} \leqslant Q_{S_{out},i}^{\max} \qquad (3-17)$$

式中：$Q_{\mathrm{S_{in}},i,t}$、$Q_{\mathrm{S_{out}},i,t}$ 分别为 t 时刻储气罐 i 的天然气注入流量和输出流量；$Q_{\mathrm{S_{in}},i}^{\max}$、$Q_{\mathrm{S_{out}},i}^{\max}$ 分别为储气罐 i 的天然气注入流量和输出流量的上限值。

4）管道节点压力约束

$$\pi_i^{\min} \leqslant \pi_{i,t} \leqslant \pi_i^{\max} \tag{3-18}$$

式中：$\pi_i^{\max}$ 和 $\pi_i^{\min}$ 分别为节点 i 的压力值上下限。

（3）IEGS 耦合设备约束。

1）压缩机约束

$$r_k^{\min} \leqslant \frac{\pi_{i,t}}{\pi_{j,t}} \leqslant \pi_k^{\max} \tag{3-19}$$

式中：$r_k^{\min}$、$\pi_k^{\max}$ 分别为压缩机 k 压缩比的最小、最大值。

2）P2G 运行约束

$$0 \leqslant P_{i,\mathrm{P2G},t} \leqslant P_{i,\mathrm{P2G},t}^{\max} \tag{3-20}$$

式中：$P_{i,\mathrm{P2G},t}^{\max}$ 为 t 时段电转气消耗的电功率的上限值。

3.2 算例分析

本节以改进的 IEEE39 节点电力系统和比利时 20 节点天然气系统组成的 IEGS39-20 节点综合能源测试系统为例进行算例分析，系统结构图如图 3-2 所示，各发电机组

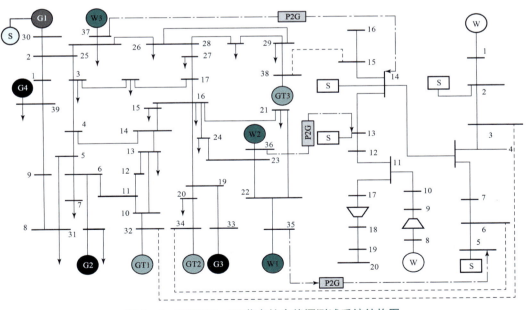

图 3-2 IEGS39-20 节点综合能源测试系统结构图

IEGS39-20 node comprehensive energy test system structure diagram

参数见表 3 - 1 和表 3 - 2。节点 35、节点 36 和节点 37 分别接入装机容量为 500MW 的风电场集群。P2G 装置的输入端接在电力系统的节点 35、节点 36 和节点 37，输出端接在天然气系统的储气罐节点 5、节点 13 和节点 14，转换效率为 65%，运行成本为 140 元/MW。碳税价格为 100 元/t，CO_2 存储价格为 35 元/t。本节取时间步长为 1h，对系统 1 天 24h 进行动态优化调度。IEGS39 - 20 的电负荷、天然气负荷以及风电场出力预测曲线如图 3 - 3 所示。

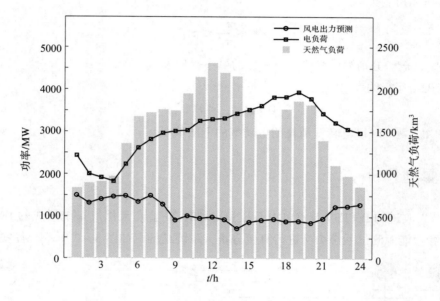

图 3 - 3　电负荷、天然气负荷以及风电场出力预测曲线
Electric power load, natural gas load and wind farm output forecast curve

比利时 20 节点天然气系统气源点数据如表 3 - 1 所示。比利时 20 节点天然气系统各节点气负荷占比如表 3 - 2 所示。

表 3 - 1　气源点数据
Data of NGS Gas source

编号	所在节点	出力最大值/m³	出力最小值/m³	编号	所在节点	出力最大值/m³	出力最小值/m³
S1	1	17.39	8.87	S4	8	33.02	20.34
S2	2	12.6	0	S5	13	1.8	0
S3	5	7.2	0	S6	14	1.44	0

表 3 - 2　　　　　　　　　　　　　各节点气负荷占比

Gas load ratio of each node

编号	类型	负荷量占比/%	编号	类型	负荷量占比/%	编号	类型	负荷量占比/%	编号	类型	负荷量占比/%
1	2	0	6	1	9.13	11	1	0	16	1	35.35
2	2	0	7	1	11.89	12	1	2.58	17	1	0
3	1	8.89	8	2	0	13	2	0	18	1	0
4	1	0	9	1	0	14	2	0	19	1	0.5
5	2	0	10	1	14.42	15	1	15.5	20	1	1.75

各发电机组参数如表 3 - 3 和表 3 - 4 所示。

表 3 - 3　　　　　　　　　　　　　火电机组参数表

Thermal power unit parameter table

机组	出力下限/MW	出力上限/MW	能耗系数			碳排放强度/(t/MW)
			a_i	b_i	c_i	
G1	750	50	0.01	5	50	0.95
G2	646	20	0.01	5	50	0.95
G3	652	0	0.008	3	40	0.98
G4	1100	50	0.05	10	60	1.2

表 3 - 4　　　　　　　　　　　　　燃气机组参数表

Gas unit parameter table

机组	出力下限/MW	出力上限/MW	耗气系数			碳排放强度/(t/MW)
			α_i	β_i	γ_i	
GT1	725	20	0.01	0.3	0.2	0.85
GT2	500	0	0.01	0.3	0.2	0.85
GT3	500	0	0.02	3	2	0.9

3.2.1　P2G 对系统风电消纳运行的影响

风电具有反调峰特性，往往在电负荷低谷时风电出力为高峰时段，P2G 将剩余的风电转化为天然气进行储存，提高系统消纳风电的能力。为了研究 P2G 参与风电消纳对于电–气互联综合能源系统的影响，设置以下两种场景：

场景 1，不考虑 P2G，目标函数为经济成本目标；

场景 2，考虑 P2G，目标函数为经济成本目标。

两种场景下的风电出力曲线和 P2G 电负荷对比情况如图 3–4 所示。

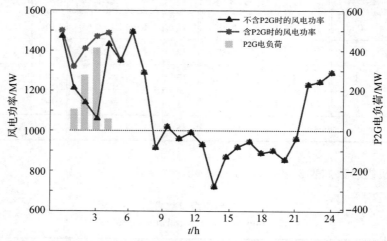

图 3–4　考虑 P2G 前后的风电出力对比

Consider the comparison diagram of wind power output before and after P2G

对比两种场景下的调度方案，表 3–5 显示了两种情况下的风电弃风量、系统运行费用以及 P2G 产气量结果对比。

表 3–5　　　　　　　　　　　　　不同场景运行结果对比

Comparison of running results in different scenarios

场景	弃风量/ （MW·h）	系统运行成本/ 万元	P2G 产气量/ km³	负荷峰谷差/ MW
1	866.29	4116.9	0	2104.5
2	26.54	2295.4	50.384	1826.9

通过分析图 3–5 和表 3–5 可以发现，场景 1 的弃风量为 866.29MW·h，而考虑了 P2G 的场景 2 没有弃风；对比图 3–3 和图 3–4 可知，在时段 2~5，电负荷处于低谷时段，此时正好为风电出力高峰，多余的风电无法被系统接纳，所以存在严重的弃风问题；场景 2 中引入 P2G 后，在时段 2~5，剩余的风电通过 P2G 转化为天然气输送到储气站，在气负荷高峰时使用。同时，考虑了 P2G 的场景 2 相比于场景 1，负荷峰谷差减小了 13.19%，可见 P2G 对平抑系统负荷波动有一定作用，起到了对系统负荷"填谷"的作用。

由表 3–5 可知，场景 2 系统运行成本相对于场景 1 降低了 33.11%，主要因为在不考虑 P2G 时，系统存在大量的弃风现象，对应的弃风成本增大；而在场景 2 中，P2G 运行只在风电出力有剩余时启动，系统其他机组出力不变，P2G 在消纳风电时，有效地降低了弃风率和弃风成本，故总成本降低。

为了准确比较不同规格的 P2G 对 IEGS 运行的影响，本节对比了最大容量为 100、150、200、250MW 的 P2G 参与运行时系统的优化结果，如表 3 - 6 所示。

表 3 - 6　　　　　　　　不同规格的 P2G 参与系统运行的结果对比
Comparison of results of different capacity P2G participating in system operation

最大容量/MW	弃风量/(MW·h)	系统运行成本/万元	P2G 产气量/km³
100	287.9	1537.9	22.2
150	168.3	1497.7	29.4
200	68.3	1464.1	35.4
250	15.2	1446.3	38.6

分析表 3 - 6 可知，随着系统中设置的 P2G 容量的增大，系统的弃风量逐渐下降，对应的弃风成本降低，系统总成本也相应降低。但随着系统中 P2G 容量达到一定值时，系统运行成本的降幅逐渐变小，这是因为随着 P2G 容量的增大，运行成本也逐渐增大，所以在系统规划中，P2G 容量设置不宜过大，要选取合适的规格达到运行成本和收益的平衡。

3.2.2　碳捕集系统和 P2G 设备协同运行调度结果

将 IEGS39 - 20 节点综合能源测试系统中的 39 节点机组加装碳捕集设备改为碳捕集电厂，为了研究碳捕集系统和 P2G 联合运行参与风电消纳对于 IEGS 的影响，设置以下 4 种场景。

场景 1：不考虑碳捕集、P2G 的低碳经济调度。
场景 2：只考虑碳捕集的低碳经济调度。
场景 3：只考虑 P2G 的低碳经济调度。
场景 4：考虑碳捕集和 P2G 联合运行的低碳经济调度。

优化调度运行结果如表 3 -7 所示。

由表 3 -7 可知，场景 2 考虑碳捕集后系统总成本降低了 2.3%，主要为碳税成本的降低，由于捕集到的 CO_2 需大量存储，增加了存碳费用。场景 3 只引入 P2G 系统总成本降低 11.1%，弃风量减少了约 58%，但 P2G 合成甲烷过程中需外购高纯度 CO_2 增加了成本，产气效率和成本易受到碳交易市场中碳价的影响。

表 3 – 7 不同场景运行结果对比

Comparison in different scenarios

场景	系统总成本/万元	P2G 性能		碳捕集性能		弃风量/MW
		P2G 成本/万元	产气量/km³	碳税成本/万元	储碳成本/万元	
1	2463.4	0	0	426.2	0	1079.2
2	2406.6	0	0	360.3	18.3	1079.2
3	2190.5	35.7	33.2	426.2	0	453.5
4	2133.7	11.4	48.7	344.3	9.1	266.8

场景 4 考虑碳捕集电厂和 P2G 协同运行模式，碳捕集电厂捕集到的 CO_2 以储碳设备为 "中转站"，在系统风电过剩时供给 P2G 合成甲烷，解决了 CO_2 在进行长期大量存储时带来的高成本问题，储碳成本和碳税成本均较场景 2 降低。同时相较于场景 3，由于碳源可由碳捕集电厂捕集所得且 CO_2 供应充足，因此 P2G 在提高弃风消纳量的同时还控制了自身运行成本。

综上所述，相对于单独考虑引入碳捕集或 P2G，以储碳设备为枢纽连接碳捕集电厂和 P2G 的联合运行模式在新能源消纳、降低系统碳排放方面的作用更加明显，并且对于碳捕集和 P2G 性能的提升具有显著效果。

以场景 1 为基准，场景 2、场景 3、场景 4 的各项变化率如图 3 – 5 所示，纵坐标为各项的变化率百分比，以降低为正，升高为负。

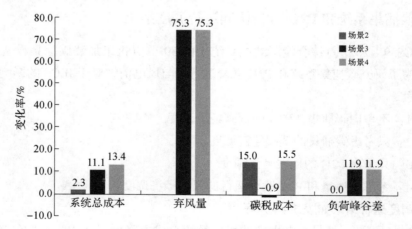

图 3 – 5 各设备对优化结果的影响

The impact of different device on to the optimization results

由图 3 – 5 可见，场景 2 单独考虑引入碳捕集系统，相较于场景 1，其系统综合成本降低了 2.3%，主要体现为碳税成本的降低，降低了 15%，可见碳捕集系统对于降低碳排放非常有效；场景 3 单独引入 P2G，系统总成本较场景 1 降低了约 11.1%，弃风量降低了 75.3%，负荷峰谷差降低了 11.9%，验证了 P2G 设备在提升新能源消纳、平抑系统负荷波动、降低系统运行总成本等方面的显著作用；场景 4 采用以储碳设备耦合碳捕集系统和 P2G 的联合运行，相对于场景 1、场景 2、场景 3，P2G 和碳捕集系统联合协调优化后，系统总成本和碳税成本进一步降低。

3.2.3　储碳设备容量对系统运行的影响

储碳设备作为碳捕集电厂和 P2G 的中转枢纽，其容量的大小必然会对碳捕集系统和 P2G 的运行效率产生影响，进而影响整个系统的经济性。为比较不同规格的储碳设备对系统运行成本的影响，在 3.2.2 节场景 4 的基础上，对比了不同储碳设备容量的优化结果，如图 3-6 所示。

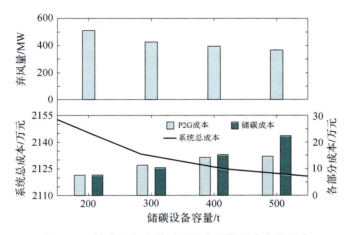

图 3-6　储碳设备容量对系统弃风量及成本的影响

Abandoned wind energy and cost with different capacity carbon storage equipment

由图 3-6 可知，随着储碳设备容量增大，IEGS 系统有足够的碳源供 P2G 合成甲烷，系统弃风量逐渐降低，弃风成本降低。由系统总成本曲线可见，随着储碳设备的容量增大，总成本的降幅逐渐变小，原因在于随着储碳设备容量的增大，储碳成本和 P2G 运行成本逐渐增大，可见在系统规划中，需要根据碳捕集和 P2G 设备容量以及总成本变化曲线的斜率拐点来确定储碳设备容量。

3.3　考虑碳税和气荒因子的 IEGS 低碳经济调度

3.3.1　相关模型搭建

人类生产、生活排放造成的大气 CO_2 浓度增加对全球变暖产生了重大影响，减少

CO_2 排放是缓解全球变暖的关键。我国电力行业能源结构仍是以火电为主，电力行业是 CO_2 排放大户，电力行业减少 CO_2 排放对我国的节能减排起着重要作用。随着减少碳排放不断受到重视，各国通过碳排放交易和碳税机制将电厂 CO_2 排放量转换成经济货币来控制。碳税对碳减排的影响高于碳交易，征收碳税的实施成本低于碳交易实施成本。除此之外，我国还实施了民用"煤改气"等政策。这使得在天然气发电过程中，可能会出现由于需求侧超预期的增长或天然气供应量始料未及的减少，而导致"气荒"问题出现。基于此，在发展低碳电力过程中，为保证电–气互联系统可靠运行，对于燃气轮机的调度需考虑天然气供气充裕性 S，$S>0$ 表示供气充裕，反之表示供气不足，则有

$$S = \sum_{i=1}^{N_{GW}} G_{i,t}^{GW} + \sum_{i=1}^{N_{GS}} G_{i,t}^{GS} + \sum_{i=1}^{N_{P2G}} G_{i,t}^{P2G} - \sum_{i=1}^{N_E} F_{i,t}^E - \sum_{i=1}^{N_N} F_{i,t}^N \qquad (3-21)$$

式中：S 为供气充裕性；N_{GW}、N_{GS}、N_{P2G}、N_E 和 N_N 分别为气井、储气站、P2G 设备、燃气轮机接入天然气节点和气负荷节点的个数；$G_{i,t}^{GW}$、$G_{i,t}^{GS}$ 和 $G_{i,t}^{P2G}$ 分别为 t 时刻第 i 个表示天然气气井、储气站和 P2G 设备产气量；$F_{i,t}^E$ 和 $F_{i,t}^N$ 分别为燃气轮机等效气负荷和天然气系统气负荷所需气流量。

基于受天然气供气充裕性限制的燃气轮机出力与环境对于碳排放量要求下的火电机组出力为两个不同的决策变量，低碳调度时必须考虑天然气的紧缺程度，气荒因子 m_{sho} 反映天然气供应能力与减小碳排放目标的相对权重。m_{sho} 越大表明天然气供应越紧张，为了维持天然气系统的可靠性，在火电机组和燃气机组之间调度时，更趋向于采用火电机组发电。而 m_{sho} 越小则表示在调度时更加注重考虑环境因素，此时调度更加趋向于燃气轮机发电。调度部门可以根据实际情况设置气荒因子。

基于气荒因子将对火电机组和燃气轮机两个决策变量的调度转化为调度时需要考虑的惩罚成本系数，以达到调度时同时兼顾天然气供应能力与减小碳排放的目标，则有

$$C_{psh} = m_{sho} C_{env} \qquad (3-22)$$

式中：C_{psh} 为天然气供气紧缺惩罚成本；m_{sho} 为气荒因子；C_{env} 为环境成本。

3.3.2 目标函数

以 IEGS 的运行成本最低、弃风光量最少、碳排放量最小以及系统失负荷量最少为目标，对各个目标考虑经济成本系数，将多目标转化为系统综合总成本最小的单目标优化，同时考虑天然气充裕性，目标函数中需计及天然气供气紧缺惩罚成本，目标函数为

$$F = \min\{C_{run} + C_{ab} + C_{pun} + C_{env} + C_{psh}\} \qquad (3-23)$$

式中：C_{run} 为系统运行成本；C_{ab} 为弃风光惩罚成本；C_{pun} 为失负荷惩罚成本。

（1）系统运行成本。

系统运行成本包括电力系统运行成本、天然气系统运行和 P2G 运行成本。燃气轮

机可视为天然气系统负荷，其运行成本计算在天然气运行成本中。风电和光伏机组发电无需消耗能源，运行成本忽略不计，则有

$$C_{run} = \sum_t \sum_{i \in \Omega_P} c_P P_{itP} + \sum_t \sum_{i \in \Omega_G} c_G P_{itG} + \sum_t \sum_{i \in \Omega_{P2G}} C_{itP2G} \qquad (3-24)$$

$$C_{itP2G} = c_{iP2G} P_{itP} + \alpha c_{iCO_2} F_{itG} \qquad (3-25)$$

式中：c_P 为火电机组单位发电成本；P_{itP} 为 t 时刻火电机组 i 的输出功率；c_G 为天然气单位购气成本；P_{itG} 为天然气系统耗气量；C_{itP2G} 为 P2G 运行成本，c_{iP2G}、α、c_{iCO_2} 分别为第 i 台 P2G 的用电价格、生成单位天然气所需 CO_2 系数以及单位 CO_2 价格，P_{itP} 和 F_{itG} 分别为第 i 台 P2G 在 t 时刻消耗的电功率和生成的天然气。其中 CO_2 成本数据，取 $\alpha = 0.2t/(MW \cdot h)$，$c_{iCO_2} = 630$ 元/t。

（2）弃风光惩罚成本。

为促进系统中新能源的消纳以及评估 P2G 对系统消纳新能源的作用，需要考虑系统弃风光量，因此在总成本中计及弃风弃光成本，则有

$$C_{ab} = \alpha \sum_i \sum_t (\overline{P_{i,t}^W} - P_{i,t}^W + \overline{P_{i,t}^S} - P_{i,t}^S) \qquad (3-26)$$

式中：α 为弃风光惩罚成本，取 7000 元/MW；$\overline{P_{i,t}^W}$、$P_{i,t}^W$ 分别为 t 时刻第 i 个风电机组的预测出力和实际出力；$\overline{P_{i,t}^S}$、$P_{i,t}^S$ 分别为 t 时刻第 i 个光伏机组的预测出力和实际出力。

（3）系统失负荷惩罚成本。

IEGS 在运行过程中需满足电力系统和天然气系统负荷所需，考虑天然气可能存在供气不足问题，在经济调度过程中，需考虑 IEGS 失负荷情况，对系统失负荷情况进行经济性惩罚，若总成本中出现失负荷惩罚成本则表明电—气互联系统无法满足为系统负荷可靠供能的要求。失负荷惩罚成本为

$$C_{pun} = m \sum_t \Delta E_t + n \sum_t \Delta D_t \qquad (3-27)$$

式中：m 和 n 分别为单位失电负荷和失气负荷惩罚成本系数；ΔE_t 和 ΔD_t 分别为时间 t 内系统失电负荷和气负荷总量。系统优先满足电负荷需求，取 $n = 800 m^3/d$。

（4）环境成本。

在发展低碳电力过程中，需考虑传统火电机组对环境的影响。为了减少碳排放，采取对碳排放进行经济性惩罚表示环境成本，即收取碳排放税，则有

$$C_{env} = \sum_{i \in \Omega_P} \beta_{CO_2} E_P P_{iP} \qquad (3-28)$$

式中：P_{iP} 为发电机有功出力；E_P 为发电机单位碳排放量；β_{CO_2} 为等值碳税，取 $E_P = 1.2t/(MW \cdot h)$，$\beta_{CO_2} = 2500$ 元/t。

（5）天然气供气紧缺惩罚成本。

考虑天然气供气可能存在不足问题，对燃气轮机的调度需计及供气紧缺惩罚成本，基于气荒因子表示的天然气供气紧缺惩罚成本见式（3-22）。

3.3.3 约束条件

电力网络约束主要考虑功率平衡约束、电压及线路约束和机组出力约束；与电力网络类似，天然气网络也有能量平衡约束和管道运行约束；电力系统和天然气系统通过燃气轮机和 P2G 设备耦合在一起。

约束条件与 3.1.3 相同，此处不再赘述。

3.4 算例分析

本节仍采用 IEEE39 节点电力系统与比利时 20 节点天然气系统组成 IEGS，选用燃气轮机和 P2G 为电力系统与天然气系统之间的耦合元件，在电力系统中采用风电和光伏代替电力系统中部分火电机组，系统仅接入一台火电机组作为平衡节点。各机组接入位置及容量如图 3 – 7 和表 3 – 8 所示。两个系统的耦合元件包括燃气轮机和 P2G 设备，其接入两系统的位置如图 3 – 8 所示。针对此测试算例以一天为运行周期，一小时为一个运行时段，采用 MATLAB 求解器开展仿真分析。

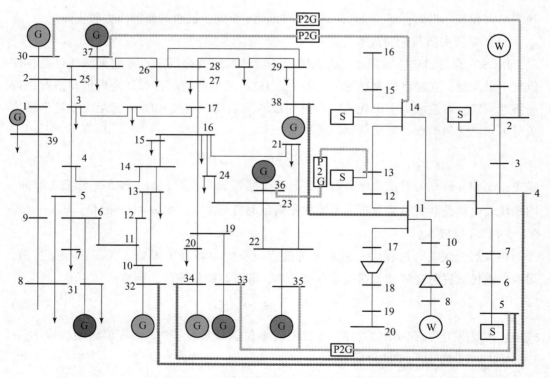

图 3 – 7　电 – 气综合能源系统互联模型

Integrated electricity and natural – gas energy system interconnection model

表 3 - 8 　　　　　　　　　　　　　　发电机参数
Generator parameters

发电机编号	所在节点	发电机类型	装机容量/MW
G1	30	光伏	1500
G2	31	火电	∞
G3	32	燃气轮机	900
G4	33	风电	1500
G5	34	燃气轮机	900
G6	35	风电	1500
G7	36	风电	1500
G8	37	风电	1500
G9	38	燃气轮机	1200
G10	39	光伏	1500

3.4.1 气荒因子对优化调度的影响

在 3.1 系统运行的基础上，气荒因子从 0 逐步增大至 1.8，系统一个运行周期内火电机组出力与燃气轮机出力如图 3 - 8 所示。

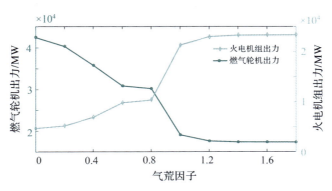

图 3 - 8　气荒因子对系统调度的影响

Influence of gas shortage factor on system scheduling

由图 3 - 8 可知，随着气荒因子的增加，燃气轮机出力下降，火电机组出力逐渐增加。但当气荒因子大于 1.2 时，继续增大气荒因子，对燃气轮机出力和火电机组出力影响很小，是由于受到燃气轮机出力水平和电力系统线路传输功率及节点电压约束，因此对调度有效影响的气荒因子范围为 0 ~ 1.2。综上，通过调整气荒因子可以在考虑天然气供应能力与减少碳排放目标之间进行协调，调度部门可以根据实际需要在有效范围内设置气荒因子，实现电－气综合能源系统最优运行。

3.4.2 优化调度分析

为研究气荒因子和 P2G 对 IEGS 运行的影响，设置 5 种场景进行对比分析，分别为

场景 1：无 P2G，不考虑天然气供气充裕性与减少碳排放，目标函数为运行成本、弃风光量和系统失负荷量目标最小。

场景 2：无 P2G，考虑减少碳排放，目标函数为运行成本、弃风光量、系统失负荷量和碳排放量最小。

场景 3：无 P2G，考虑天然气供气充裕性与减少碳排放，但不引入气荒因子调度，目标函数为运行成本、弃风光量、失负荷量和碳排放量最小。

场景 4：无 P2G，考虑天然气供气充裕性与减少碳排放，引入气荒因子调度，目标函数为系统总成本最小。

场景 5：有 P2G，考虑天然气供气充裕性与减少碳排放，引入气荒因子调度，目标函数为系统总成本最小。

分别计算不同场景下系统运行成本、碳排放量、弃风光量、系统失负荷量以及总成本如表 3 - 9 所示。

表 3 - 9 不同场景优化结果
Optimal results of different scenarios

场景	运行成本/亿元	碳排放量/10^3t	弃风光总量/(10^4MW·h)	失电负荷/(MW·h)	失气负荷/Mm³	总成本/亿元
1	1.68	28	1.87	0	0	3.68
2	1.71	5.68	2.48	0	0	3.58
3	1.71	5.68	2.48	0	18.59	3.58
4	1.70	11.7	1.87	0	0	3.30
5	1.71	11.7	0	0	0	2.00

场景 1 不考虑环境要求，由于火电机组发电成本小于燃气轮机，火电机组出力水平较高，造成大量碳排放，系统一个运行周期内产生 2.80×10^4t 碳排放。场景 2 在场景 1 基础上考虑减少碳排放目标，对比表 3 - 9 中场景 1 和场景 2 的结果，场景 2 碳排放量降低为场景 1 的 20.29%。

场景 2 没有考虑天然气供气充裕性对于系统的影响。场景 3 在场景 2 的基础上考虑比利时 20 节点天然气系统气源产气范围如表 3 - 10 所示。

表 3 - 10		天然气气源产气量范围	
		Natural gas source point gas production range	
气源编号	所在节点	最大出气量/（Mm³/d）	最小出气量/（Mm³/d）
W1	1	20	8.87
S1	2	14.5	0
S2	5	8.28	0
W2	8	37.97	20.34
S3	13	2.07	0
S4	14	1.66	0

场景 3 由于气源供应能力有限，天然气系统发生失负荷现象，此时天然气系统气源产气量与天然气系统总负荷关系如图 3 - 9 所示，看出，在 11 时至 20 时天然气系统存在失负荷现象，由表 3 - 9 可知，一个运行周期内天然气系统总失负荷量达 18.59Mm³，此时无法满足天然气系统可靠供气的要求。

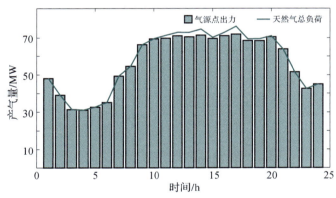

图 3 - 9　场景 3 天然气气源产气量及总气负荷曲线

Natural gas source point gas production and total gas load curve in scenario 3

基于场景 3，调度人员可以根据运行需求设置气荒因子，选取气荒因子 m_{sho} 为 0.6，进行场景 4 优化调度，场景 4 系统电负荷、各机组出力以及弃风光情况如图 3 - 10 所示，场景 4 较场景 3 而言，能够满足电力系统和天然气系统总负荷所需。

而对于高比例新能源接入的电力系统而言，在场景 4 运行状况下，电力负荷低谷时，会存在大量弃风现象，又由于电力网络线路传输功率和节点电压约束，在负荷高峰时，也无法消纳全部新能源，造成一个运行周期内弃风量占风电预测值的 18.61%，弃光量占光伏预测值的 21.48%，其弃风、弃光的惩罚成本高达 1.87 亿元。图 3 - 11 为场景 4 中各个风电和光伏接入节点弃风、弃光情况。

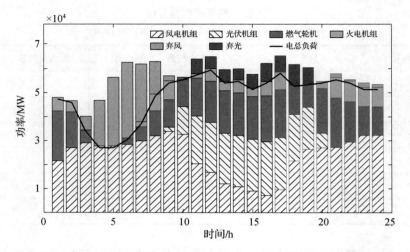

图 3 – 10　场景 4 各机组出力及弃风光情况

The output of each unit and the abandonment of wind and light in scenario 4

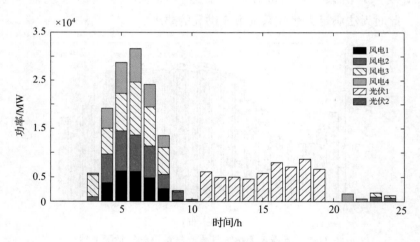

图 3 – 11　场景 4 弃风光情况

Abandoning wind and light in scenario 4

由图 3 – 11 可以看出节点 39 的光伏出力可以被系统完全消纳，其他五个新能源发电节点都存在不同程度的弃风或弃光现象。考虑到部分弃风弃光是由于线路传输能力有限，以及为了减少在电力系统传输过程中所造成的损耗，在场景 5 中接入 5 个 P2G 设备在对应的风电、光伏节点就地消纳新能源。5 个 P2G 设备通过天然气系统的储气罐为天然气系统供气。图 3 – 12 为场景 5 中天然气系统气源产气量及 P2G 产气量情况。

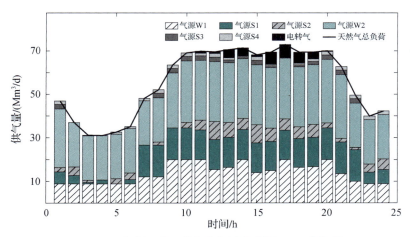

图 3 – 12　场景 5 中天然气气源产气量及 P2G 产气量

Gas source gas production and P2G gas production in scenario 5

由表 3 – 9 和图 3 – 12 可得，相比场景 4，场景 5 的风电消纳量从 81.39% 提高到 100%，光伏消纳量从 78.52% 提高到 100%，这是由于 P2G 的接入将电力系统无法消纳的风电和光伏转化为天然气注入天然气系统中，实现了电 – 气互联系统对风电和光伏的全部消纳。由图 3 – 12 看出，P2G 产生的天然气可以供给天然气负荷高峰时使用，等效减少了天然气系统对于天然气供气充裕性的要求，从而进一步提高互联系统可靠性。由表 3 – 9 发现，场景 5 中运行成本由场景 4 的 1.70×10^4 升高到 1.71×10^4，这是由于在场景 4 购电成本和购气成本的基础上，场景 5 计入 P2G 运行成本，且 P2G 的转换成本高于减少的天然气购气成本，但随着 P2G 技术发展，P2G 设备效率的提高，P2G 的经济优势会不断提高。

综上，相比场景 1，场景 5 碳排放量减少了 58.21%；相比场景 3，场景 5 可以满足 IEGS 全部负荷需求；相比场景 4，场景 5 实现了风电和光伏的全部消纳，以及降低了气源的最大出力，运行成本虽略有提升，但有效减少了系统综合总成本。说明本节所采用的计及供气充裕性的电 – 气互联系统优化调度模型不仅能够实现互联系统可靠、低碳、经济运行，而且能够解决电力系统独立运行时存在的弃风、弃光的问题。

本节在考虑高比例新能源接入电力系统的前提下，建立了计及供气充裕性的 IEGS 低碳经济调度模型，利用气荒因子协调火电机组与燃气轮机实现互联系统可靠、低碳、经济运行，得出以下结论。

（1）随着气荒因子增加，天然气供气充裕性问题相对权重增加，燃气轮机出力减小，但火电机组出力增加，碳排放量会随之增加。气荒因子实现了发展低碳电力与天然气供气充裕性之间的协调，为调度部门决策提供依据。

（2）通过气荒因子对互联系统进行调度，协调了火电机组出力与燃气轮机出力，满足 IEGS 电负荷和气负荷所需，提高了系统运行可靠性，同时实现了互联系统低碳经济调度的目标。

（3）P2G 极大提高了电－气互联系统对新能源的消纳能力，且同时能够提高天然气系统供气充裕性，以及提高整个系统的经济性。

本章小结

本章提出了一种以储碳设备耦合碳捕集系统和 P2G 的联合运行模式，并构建了考虑碳捕集系统和 P2G 联合运行的电－气综合能源系统低碳经济调度模型；结合我国天然气资源现状，提出了计及碳税和气荒因子的电－气综合能源系统低碳经济调度模型；算例结果表明，所提 IEGS 运行模式在新能源消纳、降低系统碳排放方面的作用更加明显，对于碳捕集和 P2G 性能的提升具有显著效果，是一种极具发展潜力的综合能源系统运行模式。

第四章

考虑天然气源影响的IES低碳经济调度

天然气提供等值热量时的 CO_2 排放量远低于煤炭，可有效加快世界范围内的"去煤化"进程。同时，燃气机组运行方式灵活、启停速度快的特点也能够弥补风、光等可再生能源发电机组的不足，从而有力支撑可再生能源的规模化发展。但随着燃气发电和"煤改气"等相关工程的实施，近年来天然气的消费量强劲增长，2021 年全球天然气需求呈"淡季不淡、旺季更旺"的态势，我国北方冬夏天然气峰谷差也已经达到了 10∶1，冬季管道天然气容量不足问题日益突出。加快建设供给侧储气调峰设施和电转气设施，并开展有效的低碳经济调度策略研究，是促进 IEGS 新能源消纳、缓解燃气不足的有效措施之一。

现有针对含储气设施的 IEGS 优化调度问题的研究大部分集中在考虑储气罐以及天然气管网管存模型的调度，但随着季节峰谷差增大，LNG 气化站已成为重要保供方式。LNG 的体积仅为气态天然气的 1/600，占地面积小，便于进行储存和运输。城市中小型 LNG 气化站的调峰方式灵活，在供气时不会受到上游气源供气约束或者天然气管网输气能力的影响，可以通过槽车多次加注以增强其储气调峰能力。此外，LNG 气化站的选址较自由，能够建设在天然气管网扩建比较困难的偏远地区并采用点供的方式以扩大供气范围。LNG 作为目前我国百余座城市管道天然气的重要补充性气源，能够有效缓解冬季管道气源的供气压力。因此，亟需建立考虑 LNG 气源的 IEGS 多气源供气模型以及相应的调度策略，并在此基础上分析混氢天然气对 IEGS 运行性能的影响。

4.1 含 LNG 气源的 IEGS "电 – 气 – 冷 – 碳" 低碳经济调度

随着 LNG 贸易的快速发展，世界多国对 LNG 的冷能利用开展了深入研究，利用 LNG 冷能制备液态 CO_2 及干冰的技术成熟、操作简便、节能效果好，并已通过成熟的工程应用获得了显著的经济效益。可见，随着 IEGS 的发展和 LNG 气化站的建立，碳捕集封存的 CO_2 除了可以供给 P2G 设备生成甲烷注入天然气管网外，还可以利用 LNG 气化所产生的冷能制成液态 CO_2 和干冰，从而提升 IEGS 的综合能效。本节提出了含 LNG 气源的 IEGS "电-气-冷-碳"低碳经济调度策略，建立了含碳捕集电厂、P2G 设备、LNG 气化站以碳源交互为基础的联合低碳运行模式，并以经改进的 IEGS14-20 节点综合能源测试系统为例，验证了低碳经济调度策略的有效性。

4.1.1 含 LNG 多气源 "电-气-冷-碳" 系统模型搭建

（1）系统结构图。

构建的 IEGS 如图 4-1 所示。电源包括风电、传统火电和天然气机组；为降低系统碳排放水平，将传统火电厂改造为碳捕集电厂；为缓解管道气源容量不足，采用 LNG 气化站作为补充气源；同时，LNG 气化时可释放高品质冷能，增加冷能制备液态 CO_2 及干冰装置；碳捕集电厂以储碳设备为枢纽与 LNG 气化站、P2G 设备实现联合运行，从而使得 LNG 气化站可以通过制取液态 CO_2 及干冰提高冷能利用率，而 P2G 设备能够将风电转换为天然气，大大降低弃风量；同时引入电-气可替代负荷响应，提升 IEGS 运行的经济性。

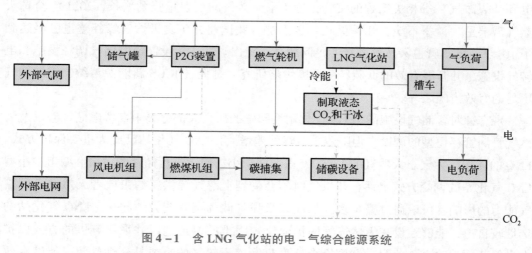

图 4-1 含 LNG 气化站的电-气综合能源系统

IEGS containing LNG gasification station

——— 天然气　——— 电能　------ 冷能　------- CO_2

（2）LNG 气化站模型。

相较于管道天然气，LNG 气化站具有建站快捷、供气便利的特点，可快速满足燃气用户的需求，是对管道气源的重要补充。LNG 气化站是将槽车运输的 LNG 气化后供用户使用，其储量与槽车注气状态和速率、用户用能情况等都密切相关。根据图 4-2 所示 LNG 气化站的工艺流程，LNG 气化站储量模型可表示为

$$V_{s,t} = V_{s,t-1} + I_{1,t} \cdot V_{1,t} - g_{s,t} \cdot r \cdot \Delta t \qquad (4-1)$$

$$V_{s,\min} \leqslant V_{s,t} \leqslant V_{s,\max} \qquad (4-2)$$

$$g_{s,\min} \leqslant g_{s,t} \leqslant g_{s,\max} \qquad (4-3)$$

式中：$V_{s,t}$ 为气化站在 t 时刻末的 LNG 储量；$V_{s,t-1}$ 为气化站在 $t-1$ 时刻的 LNG 储量；$I_{1,t}$ 表示槽车注气状态，1 为注气，0 为不注气；$V_{1,t}$ 为 t 时刻按正常速率的有效注气量；Δt 为单位调度时间，为 1 小时；$g_{s,t}$ 为 LNG 气化站在 t 时刻的供气流量；r 为 LNG（液态）与天然气（气态）的体积变比，为 1/600；$V_{s,\max}$、$V_{s,\min}$ 分别为气化站 LNG 储量的上、下限；$g_{s,\max}$、$g_{s,\min}$ 分别为气源 s 在 t 时刻供气流量的上、下限。

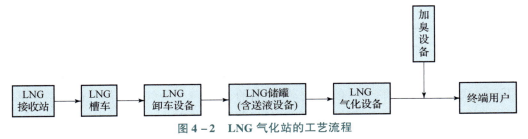

图 4 - 2　LNG 气化站的工艺流程
The process of LNG gasification station

（3）LNG 冷能制备模型。

1 吨 LNG 气化时可释放约 240kW·h 的高品质冷能，若直接排放会对周围环境造成冷污染。因此，世界多国对 LNG 的冷能利用相继展开研究，并提出了多种冷能利用技术，如表 4 - 1 所示。

表 4 - 1　　　　　　　　　　　LNG 冷能利用技术
LNG cold energy utilization technology

LNG 冷能利用技术		温度/℃	优点	缺点
直接利用	空气分离	-162 ~ -100	技术较成熟、能耗低	操作复杂、成本高
	低温发电	-110 ~ -40	技术较成熟、应用广	发电不稳定
	制备干冰	-80 ~ -60	能耗低、产品纯度高	附近须有 CO_2 气源
	海水淡化	-53 ~ -43	能耗低、前景广阔	技术尚未成熟
	低温冷库	-80 ~ -18	便于维护	选址有要求
	低温养殖	-10 ~ 0	实用性强	选址有要求
	空调系统	-10 ~ 7	能耗低	附近须有冷负荷
间接利用	低温粉碎	-162 ~ -100	能耗低	选址有要求
	冷链运输	0 ~ 20	便于实现	选址有要求

IEGS 中的发电机组在运行过程中将导致大量的 CO_2 排放，可为 LNG 冷能制取液态 CO_2 和干冰提供充足的气源，在实现 IEGS 碳减排的同时有效提升系统的综合能效。将回收的 CO_2 制取为液态 CO_2 和干冰，可被用作制冷剂和工业原料应用于医疗、食品制药、石油化工等领域，但传统的制备工艺能耗较高，生产成本一直居高不下。研究表明，利用 LNG 气化后产生的高品质冷能制备液态 CO_2 及干冰，其技术成熟、操作简便、节能效果好，且省去了对制冷系统和循环冷却水系统的投资，可通过此项工艺流程满足制造业和旅游业比较发达的城市对干冰和液态 CO_2 的大量需求，并充分利用当地城市所建发电厂中发电机组排放的 CO_2，在提高能源利用率的同时获得可观的经济效益。

图 4-3 所示为回收利用 LNG 冷能的工艺流程图。由图可知，化石燃料机组发电过程中排放的 CO_2 被碳捕集设备捕集后送入换热器，与干冰机内部吸热气化的低温 CO_2 混合，之后混合气体被送入压缩机加压，接着将加压后的 CO_2 与 LNG 储罐供给的 LNG 在下一个换热器中换热制得液态 CO_2，换热后的 LNG 气化为气态天然气被输送至燃气用户，而换热后的液态 CO_2 则被送至干冰机以制取固体 CO_2。

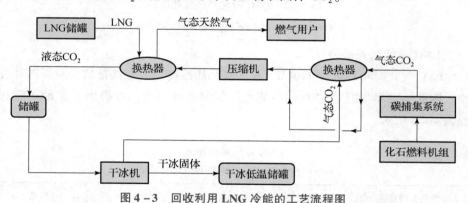

图 4-3　回收利用 LNG 冷能的工艺流程图

The process flow chart of LNG cold energy recovery

LNG 气化冷能与碳捕集电厂相结合以制备液态 CO_2 和干冰的数学模型为

$$V_{sq,t} = g_{s,t} \cdot r \cdot \Delta t \tag{4-4}$$

$$m_{s,t} = V_{sq,t} \cdot \beta_1 \tag{4-5}$$

式中：$V_{sq,t}$ 为气化站在 t 时刻的气化流量；β_1 为单位体积的 LNG 可以处理的 CO_2 质量；$m_{s,t}$ 为气化站在 t 时刻处理的 CO_2 质量。

储碳模型及碳捕集电厂模型详见第二章。

4.1.2　目标函数

随着碳排放市场的开展，CO_2 的排放可以通过碳交易费用以碳成本来量化调度策略对环境的影响。图 4-1 所示系统在一个调度周期内，运行总费用最低为优化目标，即燃煤机组运行成本 C_e、从上游管道购气成本 C_{N1}、LNG 气化站运行成本 C_{N2}、P2G 运行成本 C_{P2G}、碳成本 C_{CO_2}、缺气负荷惩罚成本 C_{lac}、系统弃风成本 C_{cur} 等所有成本之和与利用 LNG 冷能处理 CO_2 的净收益 C_{gain} 之差最小，该 IEGS 的低碳经济调度模型的目标函数为

$$\min F_{zcb} = C_e + C_{N1} + C_{N2} + C_{P2G} + C_{CO_2} + C_{lac} + C_{cur} - C_{gain} \tag{4-6}$$

（1）燃煤机组运行成本 C_e。

$$C_e = \sum_{t \in T} \left(\sum_{i \in \Omega_{GA}} (a_i P_{GA,i,t}^2 + b_i P_{GA,i,t} + c_i) \right) \tag{4-7}$$

式中：T 为调度周期，取 1 天；Ω_{GA} 为燃煤机组集合；$P_{GA,i,t}$ 为 t 时刻火电机组 i 的有功出力；火电机组的发电成本函数采用机组成本耗费曲线，其中，a_i、b_i、c_i 为火电机组 i 的耗量特性曲线参数。

（2）从上游管道购气成本 C_{N1} 为

$$C_{N1} = \sum_{t \in T} C_{gas} \left(Q_{nf,t} + \sum_{j \in \Omega_{GB}} Q_{GB,j,t} \right) \tag{4-8}$$

式中：C_{gas} 为单位管道气价；Ω_{GB} 为燃气机组集合；$Q_{GB,j,t}$ 为燃气轮机 j 在 t 时刻的耗气量；$Q_{nf,t}$ 为 t 时刻的非发电用耗气量。

（3）LNG 气化站运行成本 C_{N2} 为

$$C_{N2} = \sum_{t \in T} g_{s,t} (P_0 + \Delta P_1 + \Delta P_2) \tag{4-9}$$

式中：P_0 为从接收站的购气单价；ΔP_1 为槽车运输的单位成本；ΔP_2 为气化过程的单位成本。

（4）P2G 运行成本 C_{P2G} 为

$$C_{P2G} = \sum_{t \in T} \sum_{p \in \Omega_{P2G}} (C_{P2G,p} P_{P2G,t}) \tag{4-10}$$

式中：Ω_{P2G} 为电转气集合；$C_{P2G,p}$ 为电转气 p 的运行成本系数；$P_{P2G,t}$ 为电转气 p 在 t 时刻转化的有功功率。

（5）碳成本 C_{CO_2} 包括燃煤机组、燃气机组的碳税费用和储碳设备的 CO_2 存储费用，则有

$$C_{CO_2} = \sum_{t \in T} \left(p^{ts} \left(\sum_{i \in \Omega_{GA}} (\mu_{i,GA} - \mu_{i,fre,GA}) P_{GA,i,t} + \sum_{j \in \Omega_{GB}} (\mu_{j,GB} - \mu_{j,fre,GB}) P_{GB,j,t} \right) + p^s m_{c,CO_2,t} \right)$$

$$\tag{4-11}$$

式中：p^{ts} 为碳税单位价格；$\mu_{i,GA}$ 为燃煤机组 i 的 CO_2 排放强度；$\mu_{j,GB}$ 为燃气机组 j 的 CO_2 排放强度；$\mu_{i,fre,GA}$ 为燃煤机组 i 被分配的免费碳排放额度；$\mu_{j,fre,GB}$ 为燃气机组 j 的免费碳排放额度；$P_{GA,i,t}$ 为燃煤机组 i 在 t 时刻的出力；$P_{GB,j,t}$ 为燃气机组 j 在 t 时刻的出力；$m_{c,CO_2,t}$ 为储碳设备 c 在 t 时刻的储碳量；p^s 为单位体积 CO_2 的存储价格。

（6）缺气负荷惩罚成本 C_{lac} 为

$$C_{lac} = \sum_{t \in T} (C_{loss} Q_{loss,t}) \tag{4-12}$$

式中：C_{loss} 为缺气负荷单位惩罚成本；$Q_{loss,t}$ 为系统在 t 时刻的缺气负荷量。

（7）系统弃风成本 C_{cur} 为

$$C_{cur} = \sum_{t \in T} \sum_{k \in \Omega_{GW}} (C_{curt,k} P_{GW,k,t}) \tag{4-13}$$

式中：Ω_{GW} 为风电机组集合；$C_{curt,k}$ 为风电机组 k 的弃风成本系数；$P_{GW,k,t}$ 为风电机组 k 在 t 时刻的弃风量。

（8）利用 LNG 冷能处理 CO_2 的净收益 C_{gain} 为

$$C_{gain} = \sum_{t \in T} (m_{s,t} C_{len}) \tag{4-14}$$

式中：C_{len} 为 LNG 气化站处理单位二氧化碳的净利润。

4.1.3　约束条件

（1）电网运行约束和天然气网约束在 3.1 中已详细阐述。

（2）电气耦合设备运行约束。约束条件主要考虑压缩机和 P2G 的相关约束，则有

$$\begin{cases} r_k^{min} \leqslant \dfrac{p_{i,t}}{p_{j,t}} \leqslant r_k^{max} \\ 0 \leqslant P_{P2G,i,t} \leqslant P_{P2G,i,t}^{max} \end{cases} \tag{4-15}$$

式中：r_k^{min}、r_k^{max} 分别为压缩机 k 压缩比的下限值、上限值；$P_{P2G,i,t}^{max}$ 为 t 时刻电转气设备 i 消耗电功率的上限值。

（3）LNG 气化站运行约束。LNG 气化站需要满足天然气流量平衡、储量及供气流量约束，见本书 2.2.5 节。

（4）碳捕集电厂和储碳设备需要满足的约束条件如式（2-7）~式（2-9）、式（2-44）所示。

4.2　算例分析

以改进的 IEEE 14 节点电力系统和比利时 20 节点天然气系统组成如图 4-4 所示的 IEGS 测试系统。IEEE 14 节点系统包含 5 台发电机组和 20 条输电线路，总装机容量为 650MW。其中，节点 2 连接燃气轮机，节点 3、节点 8 连接 P2G 设备，分别与比利时 20 节点系统的 3 节点、5 节点、13 节点连接。比利时 20 节点天然气系统内包括有 20 个节点、19 条输气管道系统、6 个管道气源点（包括 4 个储气设施）和 1 个 LNG 气化站气源点。管道气源出力及天然气负荷量如图 4-5 所示。电负荷和风电机组的出力预测曲线如图 4-6 所示。发电机组、LNG 气化站以及相关的运行参数分别如表 4-2、

表 4-3 以及表 4-4 所示。设调度周期为 1h，针对 24h 进行优化调度，采用 MATLAB 下 Yalmip 工具箱调用 Gurobi 求解器进行求解。

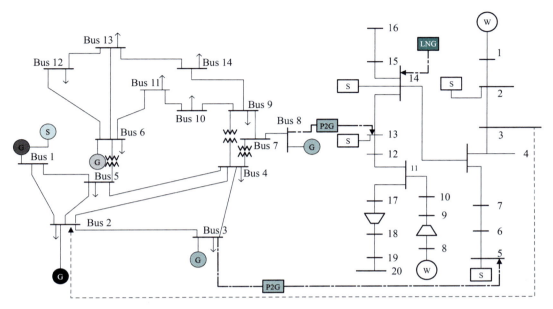

图 4-4　IEGS14-20 节点 IEGS 系统结构图

IEGS14-20 node IEGS structure diagram

Ⓖ 碳捕集电厂；Ⓖ 火电厂；Ⓖ 燃气电厂；Ⓖ 风电场；

Ⓢ 储碳设备；P2G 电转气设备；LNG LNG 气化站

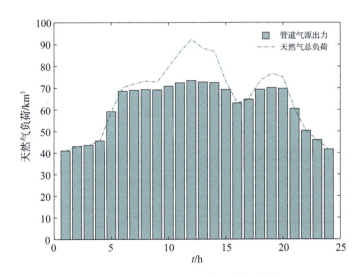

图 4-5　管道气源出力与天然气负荷

Gas source output and total natural gas load

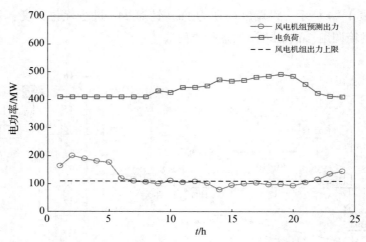

图 4 - 6   电负荷、风电机组出力上限及预测曲线

Electric load and wind farm output upper limit and forecast curve

表 4 - 2   发电机组主要参数

Main parameters of the generator sets

机组	机组类型	节点	出力下限 /MW	出力上限 /MW	能耗系数			碳排放强度 /(t/MW)
					a_i	b_i	c_i	
G1	碳捕集机组	1	190	330	0.15	50	0	0.11
G2	燃气机组	2	10	110	0.25	20	0	0.78
G4	燃煤机组	6	0	100	0.01	10	0	0.95

表 4 - 3   系统运行主要参数

Main parameters of system operation

名称	数值	名称	数值
$C_{P2G,p}$（电转气运行成本系数） /（美元/MW）	20	$\gamma_{d,t}$（碳捕集电厂未捕集前的 CO_2 排放强度） /（t/MW）	1.05
$C_{curt,k}$（风机的弃风成本系数）/（美元/MW）	100	η_d（碳捕集电厂的 CO_2 捕集效率）	0.85
p^{ts}（单位碳税价格）/（美元/MW）	500	λ_d（碳捕集机组处理单位 CO_2 的能耗）/（MW/t）	0.23
C_{gas} 管道气源气价/（美元/m^3）	0.45	$P_{d,g}$（碳捕集机组的固定能耗）/MW	15

表 4 - 4   LNG 气化站运行参数

Operation parameters of LNG gasification station

LNG 气化站运行参数	数值
从 LNG 接收站购气（气态）单价/（元/m^3）	2.5

LNG 气化站运行参数		数值
LNG 槽车运输（气态）单价/（元/m³）		0.15
气化站（气态）加价 /（元/m³）	日气化量为 0 ~ 25km³	0.41
	日气化量为 25 ~ 50km³	0.24
	日气化量为 50 ~ 100km³	0.18
	日气化量为 100 ~ 150km³	0.16
LNG 冷能处理 CO_2 率（t/km³ 气态）		0.53
LNG 冷能处理单位 CO_2 的净利润/（元/t）		300

4.2.1 低碳联合运行效果

为分析 P2G 设备、LNG 气化站与碳捕集电厂协同运行对 IEGS 低碳经济调度的影响，设定 4 种场景，其中 P2G 设备容量为 80MW，LNG 储罐规模为 300m³。

场景1：只考虑碳捕集电厂。

场景2：P2G 设备和碳捕集电厂的联合运行。

场景3：LNG 和碳捕集电厂联合运行，并考虑 LNG 冷能利用。

场景4：P2G、LNG 和碳捕集电厂三者联合，且考虑 LNG 冷能利用。

上述 4 种场景下的优化调度结果如表 4-5 所示。

表 4-5　　　　　　　　　不同场景运行结果对比

Comparison in different scenarios

参数名称	场景1	场景2	场景3	场景4
系统总成本/万元	752.9	700.1	711.2	658.4
LNG 成本/万元	0	0	14.8	14.8
P2G 成本/万元	0	5.6	0	5.6
碳税成本/万元	61.8	52	50.9	41.1
失气负荷/km³	102.1	76.4	45.1	19.4
弃风量/（MW·h）	440.3	12.7	440.3	12.7

若将场景 1 作为基础场景，由表 4-5 可知如下情景。

（1）场景 2 考虑 P2G 设备后主要体现为碳税成本、失气负荷量和弃风量的降低，系统总成本降低了 7.01%，弃风量减少 97%，这是因为 P2G 设备使用碳捕集电厂捕集

到的 CO_2 合成甲烷，在提高风电消纳、缓解管道气源缺气状况的同时，减少了由于 CO_2 单日可封存量有限导致的 CO_2 排放。

（2）场景 3 引入 LNG 气化站与碳捕集电厂联合运行后总成本相比基础场景降低了 5.5%，失气负荷量减少了约 55.8%，利用 LNG 冷能处理储碳设备所提供的碳源制备液态 CO_2 及干冰的过程不仅降低了碳税成本，也为系统带来了一定的经济收益。

（3）场景 4 考虑碳捕集电厂、P2G 设备和 LNG 气化站三者以储碳设备的碳源交互为基础的协同运行，系统总成本相比基础场景降低了约 12.6%。场景 4 在降低 CO_2 排放、提高风电消纳量、缓解管道气源供气压力方面具有更加显著的作用，其运行经济性也达到了 4 种场景中的最优。

4.2.2 各设备容量对运行效能影响研究

（1）P2G 容量影响。

P2G 作为提高风电消纳量的关键设备，其容量的大小对系统的低碳经济运行具有重要影响。只考虑 P2G 设备和碳捕集电厂联合运行，选取 P2G 容量分别为 40、60、80、100MW 进行比较，结果如图 4-7 所示。

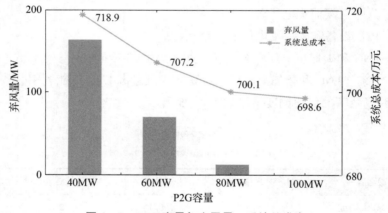

图 4-7 P2G 容量与弃风量、系统总成本

Different P2G equipment capacities vs. abandoned wind energy and the system total cost

由图 4-7 可知，随着 P2G 设备的容量从 40MW 增大到 100MW，系统的弃风量逐渐降低。由于 CO_2 的利用率和产气量在此过程中也随之增大，因此系统的弃风成本、碳税成本和失气负荷惩罚成本都有一定程度的下降，使得系统总成本也呈现下降趋势；但随着弃风量逐渐接近为 0，P2G 容量增大引起的总成本下降率逐步降低。

（2）LNG 容量影响。

LNG 气化站将液态天然气经气化后通过直供管网送至气负荷用户，并利用其气化过程所释放的冷能制备液态 CO_2 和干冰。假设仅有管道气源供气时系统缺气量为 Q，本节设定 4 种储罐规模的 LNG 气化站，使得 LNG 供气量分别为 20% Q、60% Q、120%

Q、180%Q，当只考虑LNG气化站与碳捕集电厂联合运行，系统运行结果对比如图4-8和图4-9所示。

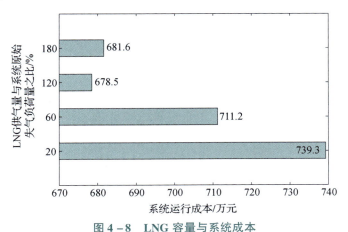

图4-8 LNG 容量与系统成本

LNG capacities vs. the system total cost

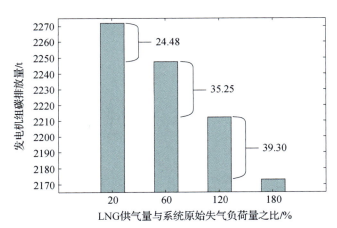

图4-9 LNG 容量与发电机组碳排放量

LNG capacities vs. carbon emissions of generator units

由图4-8和图4-9可知，随着LNG储罐规模的增大，IEGS系统的总成本和碳排放量均有明显下降，这是因为LNG供气不受上游气源供应及管道输气能力的影响，在补充管道气源供气缺额的同时增大了LNG冷能利用技术对CO_2的消耗量。此外，在LNG气化站可供气量从120%Q增大到180%Q的过程中，系统的总成本开始上升，这是由于这部分多余气量的供应成本高于冷能利用降低的碳税成本对系统总成本的影响。因此，根据管道供气紧张程度建设合适规模的LNG气化站可以在提升天然气供给能力的同时改善系统的运行性能。

（3）电气负荷影响。

IEGS气源包括LNG气化站、管道气源和P2G设备，当电负荷、非发电用气负荷分别减小10%、维持不变和增大10%时，发电机组出力与系统运行成本的变化如图4-10和图4-11所示。

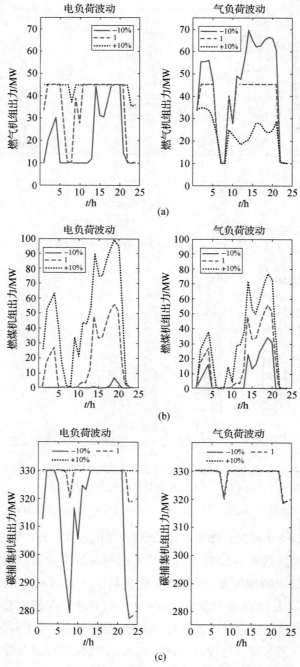

(a)

(b)

(c)

图4-10 负荷变化时燃气、燃煤和碳捕集机组的出力

Output of gas-fired unit, coal-fired unit and carbon capture unit when the load changes

（a）燃气机组；（b）燃煤机组；（c）碳捕集机组

由图 4 – 10 可以看到，在系统电负荷量从 – 10% 到 10% 的波动过程中，燃气机组和碳捕集机组的出力增量较小，燃煤机组出力的变化幅度最大，且其在 02：00—04：00、13：00—21：00 的出力变化最明显。这是由于系统优先供给非发电用气负荷，因此，燃气机组的出力增量有限；而碳捕集机组因承担系统基荷并受到出力上限的影响，其发电量的增幅同样有限。在系统非发电用气负荷量从 – 10% 到 10% 的波动过程中，燃煤机组的出力变化趋势与其变化趋势相同，燃气机组反之，二者的出力变化均在 02：00—05：00、09：00—21：00 较明显，而碳捕集机组的出力几乎无变化。

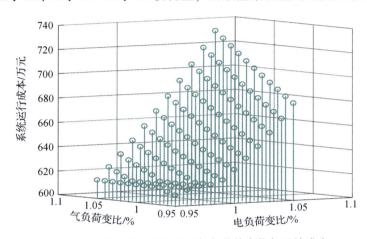

图 4 – 11　电负荷、非发电用气负荷的变化与系统成本

Changes of electrical load and non – generation gas load vs. the system total cost

由图 4 – 11 可以看出，当非发电用气负荷量一定时，系统运行成本在电负荷量在 – 5%~5% 波动的过程中近似呈线性升高；而当电负荷量一定时，随着非发电用气负荷的增加，系统的运行成本上升幅度较小。因此，多气源供气充裕的情况下 IEGS 对非发电用气负荷波动的承受能力较强。

4.2.3　系统运行成本敏感性分析

影响 IEGS 系统低碳经济调度的因素包括发电机组的单位发电成本、单位碳税成本、利用 LNG 冷能处理单位 CO_2 的净利润等。在 4.2.2 节研究场景的基础上分析系统运行总成本对上述因素的敏感性，如图 4 – 12 所示。

从图 4 – 12 中不同因素的敏感性分析结果可知，碳捕集机组的单位发电成本对系统运行成本的影响最大，且远大于其他因素的影响程度，系统运行成本变化幅度约为 470 万元，结合图 4 – 13 可知，这是因为在其从 70% 变化到 190% 的过程中，碳捕集机组始终承担系统 50% 以上的电负荷；当参数变化率 <50% 时，系统运行成本对燃气机组单位发电成本的敏感性大于单位碳税成本，当参数变化率 >50% 时，系统运行成本对单位碳税成本的敏感性更大一些；燃煤机组的单位发电成本和利用 LNG 冷能处理单

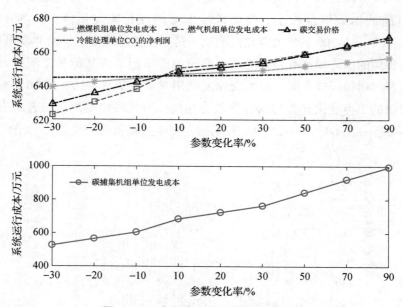

图 4-12　参数变化率与系统运行成本

Rate of change of each parameter vs. the system total cost

位 CO_2 的净利润对系统运行成本的影响程度与其他因素相比较小，这是由于目前利用 LNG 冷能处理单位 CO_2 的净利润较低，使得系统运行成本的变化幅度 <5 万元，因此，LNG 气化站冷能利用对 IEGS 系统日调度结果的影响主要来自碳税成本和失气负荷惩罚成本的变化。

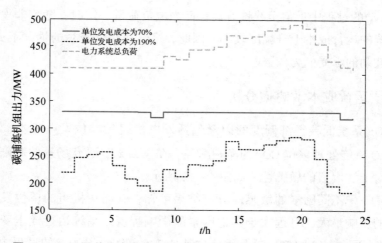

图 4-13　不同单位发电成本下碳捕集机组出力与系统总电负荷对比

Comparison between output of carbon capture unit under different unit power generation costs and the system total electricity load

4.3　考虑混氢天然气的 IEGS 低碳经济调度

混氢天然气（hydrogen enriched compressed natural gas，HCNG）是在天然气中混入一定比例 H_2 所形成的混合气体，可直接利用庞大的天然气管网输送，省去新建专门的氢气储运设施所需的高昂费用。若以混氢天然气置换 IEGS 中的传统天然气气源，则可利用 H_2 替代部分天然气，为终端燃气用户提供所需的电能或热能，既能缓解天然气作为重要能源转型性桥梁供给紧张的现状，又能大幅降低终端燃气的 CO_2 排放量，对提升 IEGS 运行的低碳经济性具有重要意义。若考虑 H_2 注入天然气管网的电转气设备最优容量规划模型，对电解槽和甲烷化反应槽的容量配比问题进行优化求解，其中，因天然气具有管存效应对气网采用了日级时间尺度。实际上当 P2H、P2M 过程协同参与系统优化时，二者的占比和优先级均会发生实时变化，且电网的瞬时变化特性会使得混氢后的天然气网存在多个复杂状态。为提高调度结果的准确性，亟需在建立系统详细模型的基础上研究更全面的 IEGS 调度策略，以分析混氢天然气对 IEGS 运行性能的影响。

本节提出了考虑混氢天然气的 IEGS 低碳经济调度策略，将 P2G 设备的 P2H、P2M 过程均视为可调度资源，其气体产物 H_2、天然气可直接注入天然气管网，与从外部气网购进的甲烷以 HCNG 的形式经天然气管道输送并供给终端燃气用户使用，同时根据热值等效原则确定终端气价，通过源 – 荷两侧的协调优化机制提高系统的综合能效。以改进的 IEEE 14 节点电力系统和比利时 20 节点天然气系统组成的 IEGS 测试系统为例，分析验证了 HCNG 气源对 IEGS 环境经济性能的影响。

4.3.1　考虑混氢天然气的 IEGS 模型搭建

（1）系统结构图。

考虑混氢天然气的电 – 气综合能源系统如图 4 – 14 所示。电源包括风电机组和燃气轮机；气源包括 P2G 设备制得的 H_2、天然气以及外部气网供给的天然气三部分，这三部分气体在天然气管道中以 HCNG 气源形式输送并供给终端气负荷使用；电力和天然气两个子网络经燃气轮机和 P2G 实现能量流的双向耦合；HCNG 气源代替纯天然气气源，可增加 H_2 的直接消纳量，同时提高风电制气的转换效率和经济性，减少系统需要外购的 CO_2 量，并促进终端燃气的碳减排，提升 IEGS 运行的低碳经济性。

（2）混氢天然气模型。

HCNG 作为 IEGS 中天然气的替代性气源，HCNG 燃烧产生的热量由 H_2 产热和天然气产热两部分叠加而成，则有

$$H_{mix,t} = H_{H_2,t} + H_{CH_4,t} \tag{4-16}$$

$$H_{H_2,t} = Q_{0,H_2,t} \eta_{H_2} \sigma_{H_2} \tag{4-17}$$

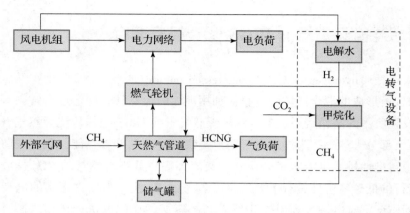

图 4 - 14 考虑混氢天然气 HCNG 的电 - 气综合能源系统

IEGS considering HCNG gas source

$$H_{CH_4,t} = Q_{0,CH_4,t} \eta_{CH_4} \sigma_{CH_4} \tag{4-18}$$

$$Q_{0,CH_4,t} = Q_{0,CH_4,t}^{P2G} + \sum_{i \in \Omega_U} Q_{0,U,i,t} \tag{4-19}$$

式中：下角标 t 为第 t 个时刻；$H_{H_2,t}$、$H_{CH_4,t}$、$H_{mix,t}$ 分别为 HCNG 中的氢气产热量、天然气产热量以及混合气体产热总量，kJ；$Q_{0,H_2,t}$、$Q_{0,CH_4,t}$ 分别为 HCNG 中 H_2、天然气的标况体积流量，km^3/h；$Q_{0,CH_4,t}^{P2G}$、$Q_{0,U,i,t}$ 分别为 P2G 供给和外部气网通过天然气管道气源 i 提供的天然气标况体积流量；η_{H_2}、η_{CH_4} 分别为 H_2、天然气的利用效率；σ_{H_2}、σ_{CH_4} 分别为单位 H_2、天然气热值；Ω_U 为天然气管道气源集合。

P2G 设备、天然气管道和压缩机模型在第二章已详细阐述。

4.3.2 目标函数及约束条件

以一个调度周期内 IEGS 运行总费用最低为目标，即系统的购气成本 f_g、P2G 运行成本 f_{P2G}、CO_2 外购成本 f_{CO_2}、弃风成本 f_{cur} 以及碳税成本 f_{ts} 这五部分成本之和最小，其模型为

$$\min F = f_g + f_{P2G} + f_{CO_2} + f_{cur} + f_{ts} \tag{4-20}$$

（1）系统的购气成本 f_g

$$f_{g,t} = \sum_{t \in T} \left[C_h \left(H_{nf,t} + \sum_{i \in \Omega_{GT}} H_{GT,i,t} - H_{H_2,t} - Q_{CH_4,t}^{P2G} \eta_{CH_4} \lambda_{CH_4} \right) \right] \tag{4-21}$$

式中：T 为调度周期，取一天；C_h 为提供单位热值的气价；$H_{nf,t}$ 为 t 时刻非发电用气所需要的热值；$H_{GT,i,t}$ 为燃气轮机 i 在 t 时刻发电用气需要的热值；Ω_{GT} 为燃气轮机集合。

（2）P2G 运行成本 f_{P2G}

$$f_{P2G,t} = \sum_{t \in T} \left[\sum_{p \in \Omega_{P2G}} (C_{P2H,p} P_{P2H,p,t} + C_{P2M,p} P_{P2M,p,t}) \right] \qquad (4-22)$$

式中：$C_{P2H,p}$ 为电转气设备 p 进行 P2H 过程的运行成本系数；$P_{P2H,p,t}$ 为电转气设备 p 在 t 时刻进行 P2H 过程消耗的电功率；$C_{P2M,p}$ 为电转气设备 p 进行 P2M 过程的运行成本系数；$P_{P2M,p,t}$ 为电转气设备 p 在 t 时刻进行 P2M 过程消耗的电功率；Ω_{P2G} 为电转气设备集合。

（3）CO_2 外购成本 f_{CO_2}

$$f_{CO_2,t} = \sum_{t \in T} (C_{CO_2} m_{CO_2,t}^{P2G}) \qquad (4-23)$$

式中：C_{CO_2} 为单位 CO_2 的外购价格。

（4）系统的弃风成本 f_{cur}

$$f_{cur,t} = \sum_{t \in T} \left(\sum_{n \in \Omega_{WT}} C_{WT,n} P_{WT,n,t}^{ab} \right) \qquad (4-24)$$

式中：$C_{WT,n}$ 为风电机组 n 的单位弃风惩罚成本；$P_{WT,n,t}^{ab}$ 为风电机组 n 在 t 时刻的弃风电量；Ω_{WT} 为风电机组的集合。

（5）系统的碳税成本 f_{ts}

$$f_{ts,t} = \sum_{t \in T} \left(C_{ts} \sum_{i \in \Omega_{GT}} \left(\mu_{GT,i} P_{GT,i,t} \frac{1-\varepsilon}{\frac{\varepsilon \eta_{H_2} \sigma_{H_2}}{\eta_{CH_4} \sigma_{CH_4}} + (1-\varepsilon)} \right) \right) \qquad (4-25)$$

式中：C_{ts} 为排放单位 CO_2 需要缴纳的碳税；$\mu_{GT,i}$ 为燃气轮机 i 的 CO_2 排放强度；$P_{GT,i,t}$ 为燃气轮机 i 在 t 时刻的发电功率。

电网运行约束和天然气网约束详见 3.1 节。

4.4 算例分析

本节以改进的 IEEE14 节点电力系统和比利时 IEGS14-20 节点天然气系统组成如图 4-15 所示的 IEGS 测试系统为例进行算例分析。发电机组参数、比利时 20 节点系统的气源点参数分别如表 4-6 和表 4-7 所示。

P2H、P2M 过程所需的电能由风电机组供给，其制得的 H_2、天然气混入天然气管道。P2H、P2M 过程的转换效率分别为 85%、65%，固定运行成本（包含设备维护、人员管理、机组启停等成本）分别为 160 元/MW、560 元/MW；P2M 的可变运行成本（即 CO_2 的外购成本）为 270 元/t。燃气轮机的碳排放强度为 0.723t/MW，系统的碳税成本为 200 元/t；弃风成本为 1000 元/MW。本节取步长为 1h，针对 24h 进行优化调度，采用 MATLAB 下 Yalmip 工具箱调用 Gurobi 求解器进行求解。IEGS 测试系统的电负荷及风电场出力预测曲线如图 4-16，非发电用气负荷所需热值曲线如图 4-17 所示。

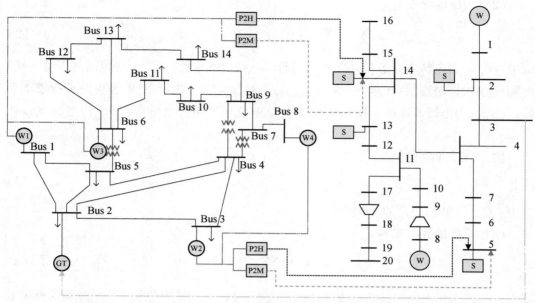

图 4-15   IEGS14-20 节点 IEGS 系统结构图

IEGS14-20 node IEGS structure diagram

W 风电机组；GT 燃气电厂；P2H 电转氢气；P2M 电转甲烷；NG 外部气网

——电能；⋯⋯⋯ H₂；------ 天然气；— — HCNG

表 4-6   发电机组参数

Generator parameters

编号	所在节点	发电机类型	装机容量/MW
1	1	风电机组	210
2	2	燃气轮机	300
3	3	风电机组	70
4	6	风电机组	70
5	8	风电机组	70

表 4-7   比利时 20 节点气源点参数

Parameters of gas source

编号	所在节点	出力最小值/km³	出力最大值/km³
S1	1	1.23	34.78
S2	2	0	25.26
S3	5	0	14.41

编号	所在节点	出力最小值/km³	出力最大值/km³
S4	8	0.34	67.05
S5	13	0	3.66
S6	14	0	2.93

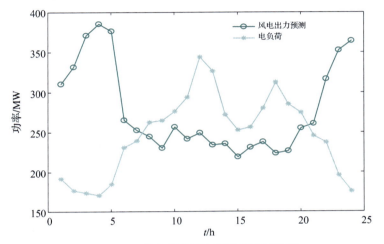

图 4 – 16 电负荷及风电场出力预测曲线

Electric power load and wind farm forecast curve

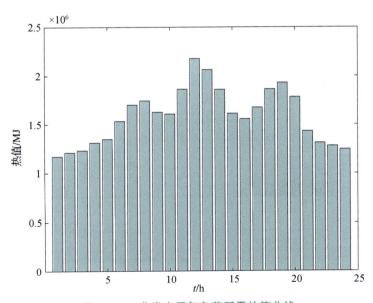

图 4 – 17 非发电用气负荷所需热值曲线

Calorific value curve for non – generating gas load

4.4.1　P2H 和 P2M 协同运行效果

为分析 P2H、P2M 协同运行对 IEGS 低碳经济调度的影响，设定 3 个场景进行对比，其中 P2G 设备的容量为 225MW。

场景 1：仅考虑 P2M 过程。

场景 2：仅考虑 P2H 过程，天然气管道混氢比例上限为 20%。

场景 3：考虑 P2H 和 P2M 的协同运行，天然气管道混氢比例上限为 20%。

上述 3 种场景下的优化调度结果和产气量分别如表 4-8、图 4-18 所示。

表 4-8　　　　　　　　　　不同场景下的运行结果对比

Comparison in different scenarios　　　　　　　　单位/万元

场景	总成本	购气成本	P2G 运行成本		CO_2 外购成本	弃风成本	碳税成本
			P2H	P2M			
1	374.29	284.56	0	76.53	4.28	0	8.92
2	421.47	301.65	4.78	0	0	106.76	8.28
3	359.14	282.95	4.78	59.78	3.34	0	8.28

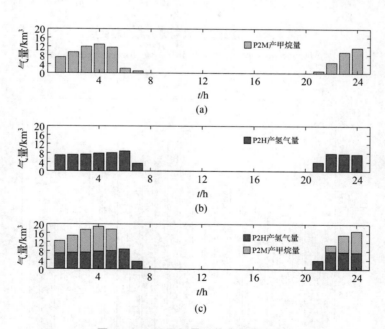

图 4-18　不同场景下的产气量对比

Comparison of gas production in different scenarios

（a）场景 1；（b）场景 2；（c）场景 3

将场景1作为基础场景，由表4-8可知。

（1）场景2仅考虑P2H过程，P2G设备的运行成本、CO_2外购成本、碳税成本降低，系统购气成本和弃风成本增加，系统运行总成本增加约12.61%。可见，虽然P2H过程具有更高的电—气转换效率，但由于天然气管道混氢比例限制，使得IEGS所能消纳的弃风电量和产气总热值受限，购气成本和弃风成本增加导致系统运行总成本增加。

（2）场景3考虑P2H和P2M协同运行，弃风成本为0，系统各类成本均下降，系统运行总成本降低约4.05%。这是因为P2H和P2M的协同运行可在充分消纳弃风电量的前提下合理调度P2H、P2M这两个电—气转换过程，以提高风电转换效率并实现终端用气的碳减排，其运行经济性也达到了3种场景中的最优。

结合图4-16和图4-18可以看出，3个场景中的P2H、P2M过程在系统存在弃风的时刻（即时段1~7、时段21~24）进行，且场景1和场景3中P2G设备产气总量的变化趋势与弃风量保持一致。场景3中P2M过程的产气量较场景1明显降低，时段6、7、21仅存在P2H过程；而场景3和场景2中P2H过程的产气量几乎无差别。可见在考虑P2H、P2M的协同运行时，P2H过程由于成本低、终端碳排量少会优先参与系统的优化调度。

4.4.2 混氢比例对系统运行的影响

由算例4.4.1可知P2H和P2M协同运行效果会受到天然气管道的混氢比例上限值（upper limit of hydrogen mixture ratio，ULOHMR）约束，当其从0%增加至20%时，IEGS优化调度结果如表4-9所示。

表4-9 不同ULOHMR值下的运行结果对比
Comparison under different ULOHMR values

ULOHMR	总成本/万元	购气成本/万元	P2G效率（%）
0%	374.29	284.56	0.65
4%	371.21	284.23	0.6589
8%	368	283.89	0.6683
12%	365.11	283.58	0.6766
16%	362.18	283.27	0.6850
20%	359.14	282.95	0.6938

可以看出，当ULOHMR从0%上升到20%时，系统运行总成本和购气成本分别降低15.15万和1.61万元，同时P2G设备的效率提高约6.74%。ULOHMR值的上升会提高系统的风电制气效率，降低系统对外部气网的依赖度，从而提升IEGS运行的经济性。

图 4－19 为不同 ULOHMR 下 P2H 过程消纳的弃风电量占 P2G 设备总耗电量的比例。可以看出，P2H 占比随 ULOHMR 值的提高而逐渐增大，且其在 6、7、21 时段增大的速度较快，占比最大可以达到 100%。

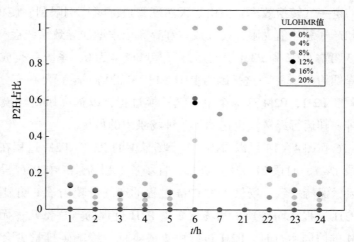

图 4－19　不同 ULOHMR 值下的 P2H 占比

P2H ratio under different ULOHMR values

图 4－20 为 ULOHMR 为 0% 时系统需外购天然气量，不考虑管道混氢时，时段 7 是系统需要外购天然气最多的时段，因此随着 ULOHMR 值上升，其允许掺混的氢气量最多，而由图 4－12 可知该时段系统弃风电量较少，当 ULOHMR 超过 4% 后，P2G 设备 P2M 无需运行。

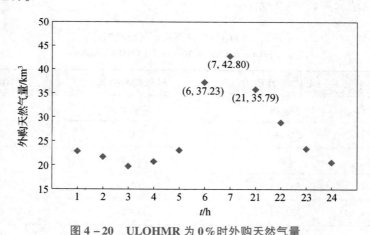

图 4－20　ULOHMR 为 0% 时外购天然气量

Purchased natural gas with zero ULOHMR

图 4－21 为 ULOHMR 值从 0% 上升到 20% 的过程中，系统终端用气的碳排量，可见随着 ULOHMR 上升终端碳排量显著降低，20% 时约降低 136.87t，从而使得混氢天然气对系统经济环境效益的作用更加突出。

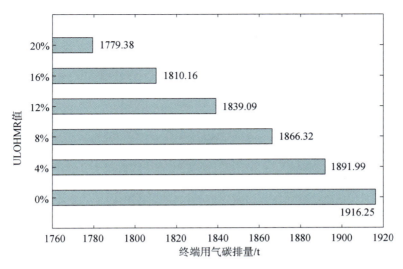

图 4 - 21　不同 ULOHMR 值下的终端用气碳排量

Terminal gas carbon emission vs ULOHMR values

4.4.3　电转气容量对系统运行的影响

P2G 作为提高系统风电消纳量的关键设备，其容量大小对 P2H、P2M 参与 IEGS 低碳经济调度的占比同样具有重要影响。不同 P2G 容量下，系统运行成本、弃风量、外购天然气量、P2H 和 P2M 产气量如图 4 - 22 ~ 图 4 - 25 所示，其中，ULOHMR 值取 20%。

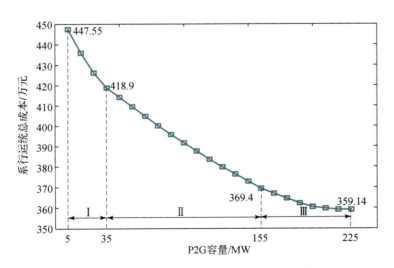

图 4 - 22　不同 P2G 容量对应的系统运行总成本

Total system operating cost vs P2G capacity

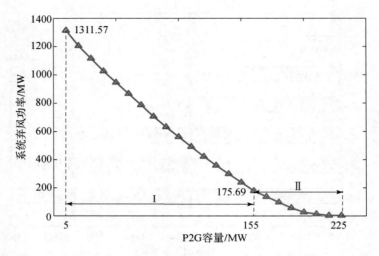

图 4 – 23　不同 P2G 容量对应的系统弃风功率

Abandoned wind power vs P2G capacity

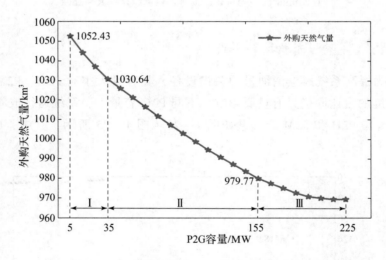

图 4 – 24　不同 P2G 容量对应的外购天然气量

Purchased natural gas vs P2G capacity

可以看出，随着 P2G 容量从 5MW 增大到 225MW，系统运行总成本、弃风功率、外购天然气量均持续降低，整个过程存在 2 个较明显的拐点。

（1）P2G 容量小于 35MW 时，P2H 产生的氢气量从 14.03km³ 增加至 76.25km³，P2M 不参与系统调度，运行总成本和外购气量的下降幅度较大；P2G 容量每增大 10MW，系统运行总成本降低 7.42 万~11.59 万元、弃风功率降低 60~108.41MW、外购天然气量降低 6.21~8.51km³。

（2）P2G 容量从 35MW 增大到 155MW，P2H 产生的氢气量受 ULOHMR 值约束不

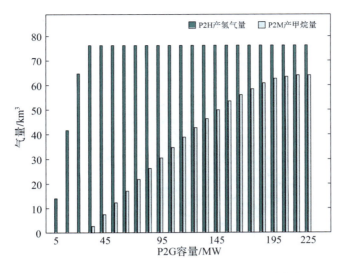

图 4 - 25　不同 P2G 容量对应的 P2H、P2M 产气量

Gas production of P2H and P2M vs P2G capacities

再变化，而 P2M 产生的甲烷量从 2.64km³ 增加至 53.51km³，P2G 容量每增大 10MW，系统运行总成本降低 3.5 万~4.67 万元、弃风功率降低 60~108.41MW、外购天然气量降低 3.6~4.8km³。

（3）P2G 容量大于 155MW，弃风功率降低幅度越来越小，P2M 产生甲烷量增幅逐渐减小，系统运行总成本和外购气量的下降幅度逐渐减小。P2G 容量每增大 10MW，系统运行总成本降低 0.01 万~2.45 万元、弃风功率降低 0.16~41.91MW、外购天然气量降低 0.01~2.51km³。

由上可见，引入 P2H 过程其产生的经济效益明显优于 P2M 过程，且随着风电装机的增加，P2G 环节引入也对于降低整个系统的运行成本和碳排放有促进作用。

4.4.4　负荷变化对系统运行的影响

根据算例 3.5.2 和 3.5.3 的分析可知 P2H 所能消纳的弃风电量会受到终端用气负荷量的影响，而 IEGS 中电能和天然气这两种异质能流的双向流动使得终端电负荷量的变化同样会引起用气需求的变化，因此，本节研究电、气负荷从原始负荷的 50% 变化到 150% 时 IEGS 运行性能的变化，ULOHMR 为 20%，P2G 容量为 225MW，系统运行成本、P2H 产气量和 P2M 产气量如图 4 - 26~图 4 - 28 所示。总结得出以下结论。

（1）当电负荷量一定时，系统运行总成本随着气负荷量从 50% 增加到 150% 近似呈线性升高，P2H 产氢气量持续增加，而 P2M 产甲烷量持续降低。这是因为此过程中弃风电量和燃气轮机出力保持一定，气负荷量的增加使得天然气管道可掺混氢气量随

之增加，系统通过增大对 P2H 过程的调度量以提高电—气转换效率，这虽然会使得
P2G 运行成本、CO_2 外购成本有一定程度的下降，但购气成本的增幅过大仍会导致系
统运行总成本的增加。

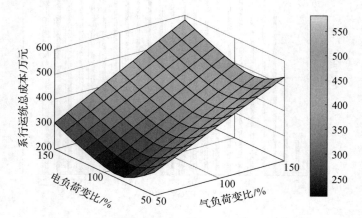

图 4 - 26　电、气负荷的变化与系统运行成本
Electrical and gas load vs. the system total cost

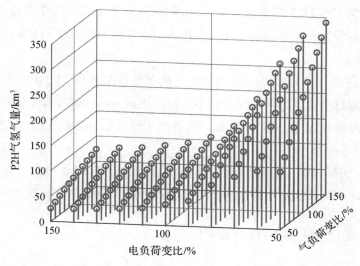

图 4 - 27　电、气负荷的变化与 P2H 产气量
Electrical and gas load vs. gas production of P2H

（2）当气负荷量一定时，系统运行总成本在电负荷量从 50% 变化到 150% 的过程
中先降低后升高，最小值出现在电负荷量为 80%～90% 之间，P2H 产氢气量和 P2M 产
甲烷量均逐渐减少。结合表 4 - 10 可知，气负荷量为 150% 时，当电负荷量小于 90%，
由于 P2G 设备容量有限，导致系统中存在弃风，购气成本和碳税成本的增量小于其他
三项成本的减少量，因而使得系统运行总成本呈现先降低后升高的变化趋势。

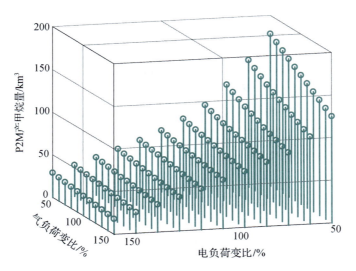

图 4 – 28 电、气负荷的变化与 P2M 产气量

Electrical and gas load vs. gas production of P2M

表 4 – 10 气负荷量为 150% 时的运行结果对比

Operation results when gas load is 150%

单位：万元

电负荷变比/%	总成本	购气成本	P2G 运行成本		CO₂ 外购成本	弃风成本	碳税成本
			P2H	P2M			
50	414.02	220.7	14.24	141.73	7.93	29.43	0
60	384.26	229.33	13.84	115.94	6.48	18.66	0
70	360.84	238.96	11.86	94.23	5.27	10.51	0
80	348.84	250.77	8.80	80.12	4.48	3.58	1.08
90	348.93	265.43	5.87	69.39	3.88	0.72	3.63
100	359.14	282.95	4.78	59.78	3.34	0	8.28
110	373.09	301.39	3.96	51.34	2.87	0	13.53
120	388.82	320.43	3.78	42.91	2.4	0	19.31
130	406.15	339.74	3.41	35.75	2	0	25.25
140	424.24	359.3	3.29	28.64	1.6	0	31.41
150	442.88	379	3.21	21.78	1.22	0	37.67

本章小结

本章在考虑 LNG 气化站作为管道补充气源进行多气源供气的基础上，提出含碳捕集电厂、P2G、LNG 气化站三者联合运行的灵活调度策略，算例表明所提策略可在提高供气裕度的同时实现 IEGS 的低碳经济运行；在多气源供气充裕的情况下 IEGS 对非发电用气负荷波动的承受能力增强，充裕的供气量可以进一步提升调度结果的低碳性和经济性；建设合适容量的 P2G 设备和合理规模的 LNG 气化站，对于发电机组的单位发电成本、单位碳税成本、利用 LNG 冷能处理单位 CO_2 的净利润等采用合理的定价机制以提升系统运行的经济和环境效益。

提出考虑混氢天然气的 IEGS 低碳经济调度策略，协同优化 P2G 设备中 P2H、P2M 过程占比，所制 H_2、甲烷与从外部气网购买的甲烷混合后经天然气管道运输以满足终端燃气需要的热值总量；分析了不同混氢比例上限、P2G 容量以及终端电、气负荷量变化对系统优化结果的影响，可知系统优先调度 P2H 过程可提高 P2G 设备的电 - 气转换效率、降低终端燃气的 CO_2 排放量，而 P2H 过程的占比会受到混氢比例上限、P2G 设备容量、系统弃风电量以及终端电、气负荷量的影响。

随着 IEGS 的推广应用，含 LNG 气源的 IEGS "电 - 气 - 冷 - 碳" 和考虑混氢天然气的 IEGS 低碳经济调度策略有助于实现异质能源之间的充分互补和提升能源安全底线保障能力，进一步提升风电消纳、解决大规模 P2G 储氢问题、降低系统运行成本和终端碳排放，对于制定科学合理的能源政策来指导 IEGS 的经济、稳定、安全运行具有重要意义。

第五章

综合能源系统双层优化调度

日前调度从全天整体经济性出发，给出次日各时间点的设备出力计划。实际运行中，负荷、光伏出力等时刻发生变化，如果设备出力计划不能及时修正就会造成供需不平衡的问题，日内根据实际运行情况进行动态调整是非常有必要的。电力系统日内调度策略根据电能特性选择固定的调度时间间隔，其基本思想是通过逐级修正误差来追踪实时负荷。将电力系统的日前日内调度策略应用于 IES 调度中时，由于现实中不同能源往往展现出截然不同的特性，如电能以光速传播，而冷热气能具有一定的延时特性，这在不同规模的 IES 中不尽相同，所以单一能源系统的统一调度时间间隔将会在 IES 中表现出灵活性较差、实用性不强的问题。

IES 的冷、热、气能延迟主要是受到建筑物的储热特性、管道的储能和延时特性影响，当接收到调度指令时，电网响应速度很快，往往可以在几秒之内就达到平衡，而具有慢动态响应特性的子系统不能立刻完成响应，气网响应速度远慢于电网，热网最慢，暂态过程较长。能源层相互制约，相互联系，当涉及 IES 调度时，主要矛盾如下。

（1）当系统中耦合的快模态与慢模态同时调度时，调度时间间隔的选择是影响调度策略优劣的重要因素。

若调度间隔时长较短，可以准确地捕捉到电等快动态系统的动态过程，跟踪电网的实时状态，然而，对于热、气等慢动态系统来说，当电网响应完成时，升温降温等过程难以跟随电网的速度快速完成，慢模态的子系统还处于暂态中，此时根据系统状态再次发放调度指令，可能会增加系统冗余调度，浪费资源。

相对应的，若调度间隔时长较长，虽然减少了慢动态系统的冗余调度，减少了系统计算时间，但是会难以捕捉到快动态系统准确的动态过程，而电网波动大，不确定性高，较大的调度时间间隔不能满足电网对实时性的高要求。因此，耦合快模态与慢模态的综合能源系统不应该采用统一的调度时间间隔。

（2）当热、冷、气层在某天或者一天中的某个时段数据波动不大时，有些时候只需要依据日前调度或者日内小时级调度就可以，不需要频繁进行调度，对计划的调整需求远远小于电层，若采用固定时间间隔调度会增大冗余调度。

（3）综合能源系统是一个具有复杂结构的系统，不仅涵盖了不同模态的能源，还包括不同控制特性的能源转化设备、储能装置，不同设备之间的响应速度也不同。比如 BESPS 响应速度非常快，可以做到快速充放电，而 CHP 装置、电锅炉、储气罐等装置响应速度较慢，无法做到快速调整。在选择调度时间间隔时，也应该将不同设备的响应特性纳入其中进行考虑。

因此，本章提出一种考虑 IES 能源快慢动态特性的双层优化调度策略，采取日前日内两阶段进行调度，考虑到快模态、慢模态能源特性差异和设备的控制特性，通过将能源分层调度的方法，选择不同的调度时间间隔长度以解决上述矛盾。

日前调度从整体出发，考虑到建筑物热惯性特性进行经济调度，取 1h 为调度时间间隔，一次性下发次日 24 h 调度计划。为及时地修正出力计划，在日前计划的基础上增加日内调度计划，添加日内滚动、实时优化两个时间尺度，逐级优化机组出力，减小日前调度存在的出力偏差，提高系统运行稳定性，建立日前—日内—实时多时间尺度调度模型。根据子系统能源特性和设备响应特性选取调度策略，将日内调度分为上下两层进行，上层调度主要满足慢动态特性的气、热、冷子系统需求，下层调度进行快动态特性的电能子系统调度，充分挖掘能源特性差异，保证系统运行灵活性。由于固定时间间隔调度会增大慢动态层的冗余调度，因此提出了计及实时状态及 MPC 调度策略的动态时间间隔决策模型，上层慢动态层根据系统运行状态动态修正调度时间间隔，进一步减小上层调整成本，提高整个调度过程的效率和经济性。

5.1　综合能源系统双层优化调度框架

基于第二章构建的综合能源系统模型与模型控制预测方法，本章着重对综合能源系统两阶段调度进行研究。综合能源系统两阶段调度模型分别由日前调度模型和日内双层调度模型组成，该双阶段运行优化模拟框架如图 5 – 1 所示。

日前调度以 IES 风光出力模型及负荷预测模型为基础，考虑能源价格信息和能源转化设备特性确定优化目标函数和约束条件，目标函数以运行经济成本最小，约束条件包括储能约束、集线器内部能源转换设备约束、能源集线器内部功率平衡约束、机组爬坡约束、外部电网交互功率约束、外部气网交互功率约束。在日前调度内，风光出力和负荷预测均需要长时间尺度的预测数据，主要是通过以往的历史数据对次日的 RE 出力和负荷需求做出预测，根据预测结果进行优化调度。在确定日前调度计划后，一次性下发次日 24h 的调度计划，日内计划以此为基础进行出力调整。

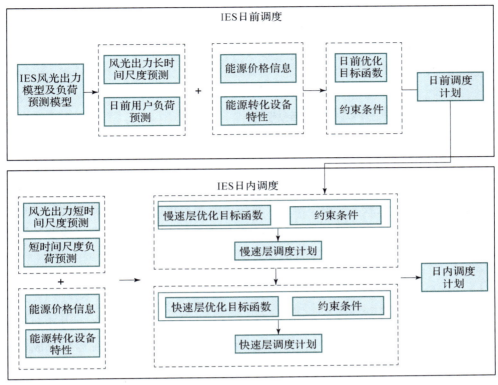

图 5-1 综合能源系统双阶段运行优化模型框架

Two-stage operation optimization model framework of integrated energy system

针对开环调度在抗干扰能力和鲁棒性上的不足,在日内调度引入 MPC 方法。MPC 方法于滚动时域的思想,结合系统当前运行状态与将来的预测状态,获得优化控制序列,并将控制序列的第一项用于系统的实际控制。然后,重复执行上述控制过程。MPC 核心特征是通过在线求解一个约束优化问题,做出系统下一时刻的控制决策,并使得预测时域内的某一性能指标达到最小。

双层日内调度是指日内分为上下两层分别计算调度策略,上层依据热、气、冷负荷模型和日前调度基础进行调度策略的求解,在保证上层调度策略满足慢速层子系统的平衡性要求后,将上层调度计划发送到下层,下层根据实时负荷波动和能源出力计算调度策略,以上层优化结果为基础,根据预测结果对下层进行实时优化。下层做出优化调度以后,将得到的调度策略结果返回到上层,上层往后移动一个控制域,并循环上述步骤。

日内调度的风光出力和负荷依照 MPC 不断进行更新,保证数据实时性。上下层的目标函数考虑到控制设备特性、能源响应特性,慢速层以慢速层调整成本最小为目标函数,下层以电能子层调整成本最小为目标函数,约束条件除了日前提到的约束条件以外,还有日内充放能状态,保证日内的充放能与日前计划的充放能状态一致,以延长储能装置使用寿命。

这样的双阶段多时间尺度的优化能够有效跟踪用户负荷的变化和可再生能源出力的波动，最大程度上降低不确定性对系统的影响，挖掘不同能源特性，提高系统运行安全性和灵活性。

5.2 综合能源系统日前调度模型

综合能源系统的核心优势是多能互补，多时间尺度优化调度主要建立在能量梯级利用的基础上，让电、气、热、冷能相互转换、协同互补。综合能源系统中涵盖的能源转化设备和储能装置较多，第二章主要对综合能源系统内的微型燃气轮机、电锅炉、热电联产、电转气、储能等设备进行建模分析。本节以第二章含能源集线器的模型与分析为基础，建立考虑建筑物热惯性的综合能源系统日前经济调度模型。

5.2.1 目标函数

经济调度是指在满足系统安全可靠运行的基础上，合理协调设备出力并利用能源间的耦合关系，以最小的成本满足用户的负荷需求。日前调度以系统运行总成本最小为目标，确定合适的购电、购气和设备出力计划。目标函数如下

$$F = \min \sum_{t=1}^{24} (F_{\text{grid}} + F_{\text{gas}}) + C_{\text{B}} \tag{5-1}$$

$$F_{\text{grid}} = C_{\text{grid}}(t) P_{\text{grid}}(t) + C_{\text{grid}}^{\text{s}}(t) P_{\text{grid}}^{\text{s}}(t) \tag{5-2}$$

$$F_{\text{gas}} = C_{\text{gas}}(t) G_{\text{source}} \tag{5-3}$$

式中：F_{grid} 为与外电网进行电功率交互的成本，含从外电网购电成本和向外电网售电的成本；F_{gas} 为从外气网购气成本；C_{B} 为 BESPS 损耗成本；$C_{\text{grid}}(t)$ 为从外电网购电单价；$C_{\text{grid}}^{\text{s}}(t)$ 为向外电网的售电单价；$P_{\text{grid}}(t)$ 为从外电网购入的电功率；$P_{\text{grid}}^{\text{s}}(t)$ 为向外电网售出的电功率；$C_{\text{gas}}(t)$ 为从天然气网购气价格；G_{source} 为与外天然气网交互气功率。

BESPS 损耗成本根据 BESPS 投资成本与调度周期内经历的充、放电循环次数对 BESPS 损耗成本进行估算

$$C_{\text{B}} = \frac{V_{\text{total}}}{n_{\text{total}}} \sum_{t=1}^{T} \frac{\beta^{k,\text{in}} + \beta^{k,\text{out}}}{2} \tag{5-4}$$

式中：V_{total} 为 BESPS 投资成本；n_{total} 为 BESPS 循环寿命；t 为调度时段索引；T 为调度时段数；$\beta^{k,\text{in}}$、$\beta^{k,\text{out}}$ 分别为表示 BESPS 充、放电状态切换的二进制变量；$\beta^{k,\text{in}}$ 取 "1" 表示 BESPS 在时段 t 由放电状态切换为充电状态，$\beta^{k,\text{out}}$ 取 "1" 表示 BESPS 在时段 t 由充电状态切换为放电状态。

显然，式（5-4）求和部分表示 BESPS 在调度周期内经历的充放电循环次数。

5.2.2 约束条件

系统约束除了需要满足第二章所提到的储能约束、室内温度约束以外，还需要满足转换设备约束、能源集线器内部功率平衡约束，机组爬坡约束，外部电网交互功率约束，外部气网交互功率约束。

（1）转换设备输入与输出功率上、下限约束

$$P_{i,\min}^{k,\text{in}} \leqslant P^{k,\text{in}}(t) \leqslant P_{i,\max}^{k,\text{in}}$$
$$P_{i,\min}^{k,\text{out}} \leqslant P^{k,\text{out}}(t) \leqslant P_{i,\max}^{k,\text{out}} \tag{5-5}$$

式中：$P_{i,\max}^{k,\text{in}}$ 与 $P_{i,\min}^{k,\text{in}}$ 分别为转换设备 i 以能量形式 k 的输入功率上、下限；$P_{i,\max}^{k,\text{out}}$、$P_{i,\min}^{k,\text{out}}$ 分别为转换设备 i 以能量形式 k 的输出功率上、下限。

（2）爬坡约束。EH 中的能源转换设备除了满足出力上下限约束以外，还需要应当满足爬坡约束，进一步限制机组出力，即限制机组出力调整频率的大小，则有

$$-R_i^{\text{down}}\Delta t \leqslant P_{k,t} - P_{k,t-1} \leqslant R_i^{\text{up}}\Delta t \tag{5-6}$$

式中：R_i^{up} 和 R_i^{down} 分别为机组的向上爬坡速率与向下爬坡速率。

（3）外部电网交互功率约束

$$P_{\text{grid}}^{\min} \leqslant P_{\text{grid}}(t) \cdot \alpha_{\text{grid}} + P_{\text{grid}}^{\text{s}}(t) \cdot \alpha_{\text{grid}}^{\text{s}} \leqslant P_{\text{grid}}^{\max} \tag{5-7}$$

式中：$P_{\text{grid}}^{\max}$ 与 $P_{\text{grid}}^{\min}$ 分别为 IES 与外电网功率交互的上下限；α_{grid} 和 $\alpha_{\text{grid}}^{\text{s}}$ 分别为购、售电状态，取"1"表示向外部电网购电状态，取"0"表示向外部电网放电状态。

由于综合能源系统与外电网的电功率交互任意时间段只存在一种状态，要么购电，要么售电，所以还应满足购售电状态约束

$$0 \leqslant \alpha_{\text{grid}} + \alpha_{\text{grid}}^{\text{s}} \leqslant 1 \tag{5-8}$$

（4）气网交互功率约束

$$G_{\text{source}}^{\min} \leqslant G_{\text{source}}(t) \leqslant G_{\text{source}}^{\max} \tag{5-9}$$

式中：$G_{\text{source}}(t)$ 为任意时间 IES 从外气网购气的购气功率；$G_{\text{source}}^{\max}$ 与 $G_{\text{source}}^{\min}$ 分别为 IES 与外天然气网功率交互的上下限。

（5）能源集线器中心功率平衡。在 EH 内部需要分别满足电、冷、热、气功率的平衡，则有

$$\begin{cases} P_{\text{grid}} + P_{\text{CHP}} + P_{\text{S}} + P_{\text{v}} + P_{\text{w}} = P_{\text{e}} + P_{\text{EC}} + P_{\text{EB}} + P_{\text{P2G}} \\ H_{\text{CHP}} + \eta_{\text{EB}}P_{\text{EB}} + P_{\text{h}} = H_{\text{e}} + P_{\text{AR}} + Q_{\text{ve}}^{\text{h}} \\ \eta_{\text{AR}}P_{\text{AR}} + \eta_{\text{EC}}P_{\text{EC}} + P_{\text{c}} = C_{\text{e}} + Q_{\text{ve}}^{\text{c}} \\ G_{\text{net}} + G_{\text{P2G}} + P_{\text{g}} = G_{\text{mt}} + G_{\text{e}} \end{cases} \tag{5-10}$$

式中：P_{grid}、P_{CHP}、P_{S}、P_{w} 和 P_{v} 分别为外电网、CHP、储电装置（充电为负，放电为

正）、风机和光伏发电功率；P_e、P_{EC}、P_{EB} 和 P_{P2G} 分别为电负荷、电制冷、电锅炉和电转气消耗的电功率；H_{CHP} 和 P_h 分别为 CHP 机组、储热装置（蓄热为负，放热为正）提供的热功率；G_{net}、G_{P2G} 和 P_g 分别为天然气网、P2G 机组、储气装置（储气为负，放气为正）提供的气功率，G_{mt} 为微燃机消耗的气功率；P_c 为蓄冷装置（蓄冷为负，放冷为正）提供的冷功率；H_e、C_e 和 G_e 分别为热、冷、气负荷；P_{AR} 和 η_{AR} 分别为吸收式制冷剂的功率和热—冷转换效率；η_{EB} 和 η_{EC} 分别为电锅炉和电制冷机电 - 热/冷转换效率；Q_{ve}^h 和 Q_{ve}^c 分别为建筑物虚拟储能制热、制冷功率。

5.3　考虑快慢特性的日内双层调度模型

由于接入量不断提高的风电、光伏等可再生能源具有不确定性，使得综合能源系统中能源供应和负荷需求的变化更具灵活性，导致综合能源系统的运行面临着更大的挑战，可能会对系统的稳定运行产生较大影响。负荷需求和可再生能源波动对综合能源系统造成的不利影响导致系统日前运行优化策略不能很好地满足能源供需平衡，因此需要在综合能源系统运行过程中，加入包含滚动和实时的日内运行优化策略，不断调整各设备出力，对综合能源系统调度进行逐级优化。

日前调度是根据长时间尺度的预测数据进行优化调度，预测数据的精确性会对调度策略的准确性造成很大的影响。如果日前数据的预测足够精准，负荷和风光出力的波动和不准确度就不会对调度结果造成较大的影响。但日前调度的数据预测只是根据历史数据得出的，并没有依据实时数据进行反馈校正，本身的准确性并不能保证，而且日前调度的调度周期很长，调度计划是一次性得出的 24h 调度计划，无法保证调度计划的准确性和有效性。因此，需要在日前调度的基础上，增加日内调度，保证调度的实时有效性。

目前大多数对多时间尺度优化的相关研究主要是基于 MPC 方法，不断细化调度时间间隔，将日内分为滚动 - 实时优化，以此满足高实时性要求。然而把所有的子系统一起调度，系统响应速度将会被拖慢，运行性能下降，缺少针对异质系统快/慢模态和能源转化设备的控制特性的优化研究。

因此，本节构建了综合能源系统日内双层优化模型，考虑到不同能源的能源特性和设备控制特性，将电、热、气、冷划分为快动态系统和慢动态系统两个类别，分别进行上下层优化，运用模型预测控制法对其进行持续滚动校正的同时，既满足了电能对实时性的要求，又增大了冷、热、气层的调度时间间隔，符合慢响应动态特性要求的同时，还保证了能源转化设备的有效配合，这样不仅能够实现对系统运行的精准优化，还能减少系统冗余性调度，保证了系统在实时运行环节的经济性和灵活性。

5.3.1 模型预测控制方法

为了实现综合能源系统内各设备出力和日前优化计划的偏差最小，综合能源日内调度常常基于模型预测控制方法，构建日内调度模型。通过采集当日内风电、光伏的实时出力和用户的实际负荷，进行数据实时预测，随预测域的推移进行综合能源系统的优化调度，不断更新预测域数据，得到综合能源系统的日内实时调度方案。

MPC 的本质是优化可操作输入和过程行为的预测，是一个迭代过程，在操作给定范围的输入的同时，优化模型在未来有限范围内的状态预测。预测是使用过程模型实现的，因此在实现 MPC 时，动态模型是必不可少的，这些过程模型通常是非线性的，但在短时间内，有一些方法可以使这些模型线性化，例如定制扩展。这些线性化的近似值或动态模型中不可预测的变化可能会导致预测错误。因此，MPC 仅对第一个计算的控制输入采取行动，然后根据反馈重新计算优化的预测，这意味着 MPC 是一种迭代的、最优的控制策略。

模型预测控制共包含三个环节：短时间尺度预测、滚动优化和反馈校正。在短时间尺度预测环节中，采集风光设备出力和用户负荷的实时数据，以日前预测结果为基础不断更新。在滚动优化环节中，根据上一环节得到的实时预测结果，以 15min 为时间尺度计算当天剩下时间的优化结果并持续反馈给系统，每 15min 重复以上操作，直至当天结束。在反馈校正环节中，将风光设备的实际出力、用户的实际负荷、其他环境因素等信息持续反馈给预测模型，通过对这些信息进行处理，提高模型的预测精度及优化方案的精准度。

MPC 是动态优化策略，当前变量的优化值会对后续的优化产生影响。MPC 预测数据是序列，不是一个值。当前最优控制序列与此刻运行状态和未来时刻预测值有关，预测出来的控制序列只会执行第一项，随着预测域的滚动，数据更新，重复进行上述动作，并只执行控制序列的第一项，直到滚动结束。具体来说，当预测时间尺度为15min，那么一天就会有 96 个点，若需要求解 3 点的控制序列，即对 3 点进行调度时，需要在 3 点前一个时刻（2：45）对 3 点进行预测。其预测的数据并不是全局的，只是针对预测时域进行的，预测得到下一时刻的控制序列后只执行下一时刻的控制决策。所以，基于 MPC 的 IES 调度并不是一次性完成的，而是根据预测域的向后滚动不断进行控制决策的求解，比如，对 3 点进行预测时，是根据包含 2：45 的 7 个数据预测后续89 个数据的值，输出的序列包含已知的 7 个数据点和预测出来的 89 个数据点，在进行优化调度时，是将这些数据一起优化，保证全局最优，但只执行 3 点的调度优化结果。状态误差序列为包括 k 时刻的数据，而系统状态序列是 $k+1$ 时刻的，当控制域往下一个时间窗口滚动时，$k+1$ 时刻变为 k 时刻，重复之前的步骤进行优化。MPC 的基本框架如图 5 - 2 所示。

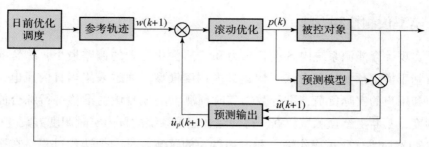

图 5 – 2　模型预测控制策略的基本框架

The Basic Framework of Model Predictive Control Strategy

MPC 的目标函数和约束条件并不固定，可以适应不同研究对象，因此能够很好地适用于 IES 优化调度。其闭环优化的特点可以减少不确定性带来的影响。MPC 的特性可以为 IES 中发现的许多问题提供解决方案。

（1）IES 中不同设备和能源协调运行是一项艰巨的任务，而 MPC 的多变量特性提供了一种优化控制解决方案，可以以协调的方式管理 IES 的运行以实现目标。

（2）可再生能源发电的间歇性和可变性以及需求可以通过考虑随机变量包含在优化问题中，从而产生可以应对随机性的控制动作。

（3）当必须在优化中考虑二进制/逻辑变量时，MPC 也可以适用。比如，存在连接/断开单元（存储设备、电动汽车、负载等）的情况，或者需要考虑不断变化的情况，例如购买或出售不同能源价格的情况。

（4）当系统出现突然变化，例如某个单元断开或故障时，MPC 可以通过改变其结构来适应这种新情况，从而允许系统正常运行（前提是有可用的自由度）。

（5）在多个代理参与问题的情况下，如微电网网络或分布式微电网的情况，可以以分布式方式解决问题。MPC 可以提供分布式解决方案，从而可以解决复杂的问题。

5.3.2　日内双层调度框架

日内根据异质能源快慢特性，提出将日内调度分为快速控制子层和慢速控制子层的双层滚动优化模型，基于模型预测控制的双层调度框架如图 5 – 3 所示。

日内快慢层调度策略属于逐级修正过程，首先上层是基于日前设备出力计划进行选择性的调整，而下层是基于日前与日内上层的双重修正，因此设备出力计划按照先后次序来逐级优化是必然的，但这样逐层修正不仅将差异化的能量解耦处理，还同时以日前设备出力计划为前提，保证了日内调度整体的经济性。

日内滚动计划基于预测精度更高的超短期预测数据，在保证机组调整成本最小的基础上，对日前调度计划进行滚动修正，得到更精确可靠的调度方案。将电、冷、热、气能分为上下两层进行优。慢速层调度时间间隔为 1h，快速层调度时间间隔为 15min，将慢速层调度窗口分为四个时间尺度较小窗口的快速层窗口。具体优化流程如下。

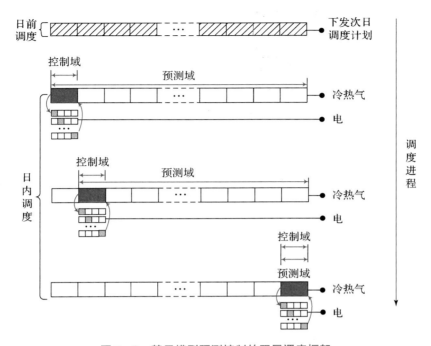

图 5 – 3　基于模型预测控制的双层调度框架

Framework of multi – time scale optimization strategy based on MPC

（1）慢速控制子层（上层）。用于优化慢动态特性的冷热气系统。基于 MPC 滚动优化方法，不断地根据运行日的系统实时运行状态进行数据更新，以最新的预测数据进行系统优化调度，以获得预测域和控制域内系统调度计划。每次滚动时，所需要的计划只有控制域的调度计划，根据优化结果执行控制域的调度计划，并将其下发至快速控制层，等待快速控制层的调度结束指令。当下层滚动结束后，预测域和控制域滚动优化至下一个时间间隔，并重复上述过程。

（2）快速控制子层（下层）。等待慢速控制子层控制域调度计划指令，并根据其确定本层快动态电系统的优化调度策略。快控制子层调度时间窗口较短，在慢速控制子层结束调度后，下层经多个时间窗动态滚动优化，以确定整个时间窗口的优化调度计划。当下层调度时间窗口与上层时间窗口结束时间重叠后，则停止滚动优化，并向上层发送调度结束指令，上层进入慢速控制层的下一个时间窗重复调度和执行，重复步骤。

5.3.3　慢动态层调度模型

（1）目标函数。

冷热气系统具有慢响应特性，通常天然气只需依靠日前调度决策、热（冷）依靠日前调度决策和日内滚动调度即可满足运行需求，频繁控制并不会提高其运行效率和经济性，反而会增大其调度成本。但考虑到 IES 中随机性和不确定因素的影响，在日内调度时又需要根据实际运行状态对日前调度策略进行修正。

日内调度时，以调整购气量和相关设备的出力调度成本最小为优化目标

$$\min F_{\text{upper}} = \sum_{t=t_1} (F_{\text{gas}} + F_e) \tag{5-11}$$

$$F_{\text{gas}} = (\mu_{\text{CHP}} \Delta F_{\text{CHP}}^2(t) + \mu_{\text{gas}} \Delta G_{\text{sourse}}^2) t_1 \tag{5-12}$$

$$F_e = (\mu_{\text{EB}} \Delta P_{\text{EB}}^2(t) + \mu_{\text{EC}} \Delta P_{\text{EC}}^2(t) + \mu_{\text{P2G}} \Delta P_{\text{P2G}}^2(t)) t_1 \tag{5-13}$$

式中：F_{gas} 为天然气网相连的转化设备调整成本；F_e 为慢速层中与电网相连的转化设备调整成本；t_1 为上层调度时间间隔；μ_{gas}、μ_{CHP} 分别为气网交互功率和 CHP 机组的单位调整成本，为使日内计划基于日前计划进行微调，无论调整量为正或为负，各单位调整成本均大于 0；μ_{EB}、μ_{EC} 和 μ_{P2G} 分别为电锅炉、电制冷机和 P2G 的单位调整成本；$\Delta P_{\text{EB}}(t)$、$\Delta P_{\text{EC}}(t)$ 和 $\Delta P_{\text{P2G}}(t)$ 是电锅炉、电制冷机和 P2G 在时间 t_1 的调整量。由于储热、储气、储冷设备调整次数少且损耗较小，所以不考虑热气冷储能设备调整成本。

（2）约束条件。

上层优化调度需要满足的约束有室内温度约束、建筑物热惯性约束、储能约束、转换设备约束、能源集线器内部功率平衡约束，机组爬坡约束，外部气网交互功率约束同式（2-12）~式（2-20）、式（3-5）~式（3-10）一样，本节不再赘述。

除了上述约束以外，储能装置还需要跟随日前储能装置的充放能状态，其约束为

$$\begin{cases} \beta_{\text{intra}}^{k,\text{in}}(t) = \beta_{\text{ahead}}^{k,\text{in}}(t) \\ \beta_{\text{intra}}^{k,\text{out}}(t) = \beta_{\text{ahead}}^{k,\text{out}}(t) \end{cases} \tag{5-14}$$

式中：$\beta_{\text{intra}}^{k,\text{in}}(t)$ 和 $\beta_{\text{intra}}^{k,\text{out}}(t)$ 为 k 形式的能源在日内时刻 t 的充、放能状态；$\beta_{\text{ahead}}^{k,\text{in}}(t)$ 和 $\beta_{\text{ahead}}^{k,\text{out}}(t)$ 为 k 形式的能源在日前调度计划中时刻 t 的充、放能状态。

5.3.4 快动态层调度模型

（1）目标函数。

由于储电装置具有非常快速的响应特性，可以很好地满足波动的负荷差额，因此在日前调度下发的充放电状态基础之上，根据光伏、风机功率波动以及慢速层滚动结果变化来修改调度方案。目标函数应该为在满足电能平衡的条件下让慢速层的调整成为最小，其数学表达式为

$$\min F_{\text{lower}} = \sum_{t=t_2} (F_{\text{lower,e}} + F_B) \tag{5-15}$$

$$F_{\text{lower,e}} = \mu_{\text{grid}} \Delta P_{\text{grid}}^2(t) \cdot t_2 \tag{5-16}$$

$$F_B = \mu_B \Delta P_B^{\text{in/out}\,2}(t) \cdot t_2 \tag{5-17}$$

式中：$F_{\text{lower,e}}$ 为与电网交互功率的调整成本；F_B 为储电装置充放电的调整成本；t_2 为下层调度时间间隔；$\Delta P_{\text{grid}}(t)$ 为 t 时刻与电网交互功率的调整量；μ_{grid} 为联络线的单位调整成本；μ_B 为储电装置单位调整成本；$\Delta P_B^{\text{in/out}}(t)$ 为 t 时刻储电装置的充放电调整功率。调整后，各设备遵循出力约束，且日内调整仍满足前文能量平衡约束。

（2）约束条件。

下层优化调度需要满足的约束有 BESPS 的储能约束、建筑物热惯性约束、能源集线器内部功率平衡约束，外部电网交互功率约束同式（2-7）~式（2-12）、式（2-14）~式（2-20）、式（3-7）、式（3-8）、式（3-10）一样，本节不再赘述。

除了上述约束以外，BESPS 还需要跟随上层的 BESPS 的充放电状态，其约束为

$$\begin{cases} \beta_{\text{lower}}^{\text{e,in}}(t) = \beta_{\text{intra}}^{\text{e,in}}(t) \\ \beta_{\text{lower}}^{\text{e,out}}(t) = \beta_{\text{intra}}^{\text{e,out}}(t) \end{cases} \tag{5-18}$$

式中：$\beta_{\text{intra}}^{\text{e,in}}(t)$ 和 $\beta_{\text{intra}}^{\text{e,out}}(t)$ 分别为 BESPS 在上层调度中时刻 t 的充、放电状态；$\beta_{\text{lower}}^{\text{e,in}}(t)$ 和 $\beta_{\text{lower}}^{\text{e,out}}(t)$ 为 BESPS 在下层调度中时刻 t 的充、放电状态。

5.4 日内动态时间间隔调度模型

模型预测控制是一种成熟的先进过程控制技术，已被证明有能力使用约束、前馈和反馈来提供控制解决方案，可以处理具有延迟的多变量过程和具有强交互循环的过程。本章提出了一种含动态时间间隔决策的 MPC 方法，与第 5.3 节的双层调度模型结合，实现了动态时间间隔的双层调度方法。

IES 经济调度模型包括日前优化与日内校正 2 个阶段，日前尺度以 24h 为调度周期，针对开环调度在抗干扰能力和鲁棒性上的不足，在日内调度引入 MPC 方法。MPC 方法基于滚动时域的思想，结合系统当前运行状态与将来的预测状态，获得优化控制序列，并将控制序列的第一项用于系统的实际控制。然后，重复执行上述控制过程。MPC 核心特征是通过在线求解一个约束优化问题，做出系统下一时刻的控制决策，并使得预测时域内的某一性能指标达到最小。

而现有基于 MPC 的调度时间间隔往往固定，在实际系统调度中，当参考轨迹与实际预测轨迹相差不大时或对全局运行的调度结果影响较小时，无需下发调度指令。所以为进一步挖掘异质能源时间尺度快慢特性，提出在日内调度慢速控制子层引入动态时间间隔决策，根据 MPC 控制域和控制域轨迹设定动态时间间隔决策指标，在不需要进行频繁调度的上层进一步优化调度时间间隔时长，即当参考轨迹与实际预测轨迹相差不大时，或对全局运行的调度结果影响较小时，不下发调度指令，只有当预测轨迹与参考轨迹存在较大偏差时才下发调度指令，以减小冗余调节。在 MPC 方法中考虑对调度性能的影响，采用动态调度时间间隔，可以更好地提升调度性能。

5.4.1　动态时间间隔双层调度框架

考虑到调度的固定调度时间间隔难以确定合适的调度方案、提供及时准确的控制，所以建立动态时间间隔的决策指标可以解决固定时间间隔带来的问题。基于 MPC 的动态时间间隔双层调度框架如图 5－4 所示。

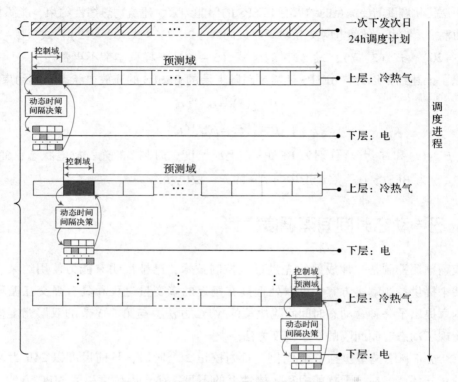

图 5－4　基于 MPC 的动态时间间隔框架

Framework of multi－time scale optimization strategy based on MPC

区别于 5.3 节的双层调度模型，上层添加动态时间间隔决策方案，可以判断是否需要调整。在不需要调度的时候不下发调度指令，下层以参考轨迹计划为基础进行执行窗口的滚动；若上层需要调度，下层按上层更新过后的预测轨迹计划进行执行窗口的滚动，确定调度计划。

5.4.2　动态时间间隔决策指标

结合 MPC 预测特性，将调度时段分为已决策时段（初始时刻至控制域前一个窗口）及预测时段（控制域至调度周期末尾时刻），建立参考轨迹在 t 时刻已决策时段与预测时域的全局成本函数 F_t，则有

$$F_t = \underbrace{\begin{bmatrix} 1 & \cdots & 1 \end{bmatrix}}_{T} \begin{bmatrix} p_{1,t}^1 & p_{1,t}^2 & \cdots & p_{1,t}^k \\ p_{2,t}^1 & p_{2,t}^2 & \cdots & p_{2,t}^k \\ \vdots & \vdots & \ddots & \vdots \\ p_{P-1,t}^1 & p_{P-1,t}^2 & \cdots & p_{P-1,t}^k \\ p_{P,t}^1 & p_{P,t}^2 & \cdots & p_{P,t}^k \\ \vdots & \vdots & \ddots & \vdots \\ p_{T,t}^1 & p_{T,t}^2 & \cdots & p_{T,t}^k \end{bmatrix} \cdot \begin{bmatrix} c_1 \\ c_2 \\ \vdots \\ c_k \end{bmatrix} \tag{5-19}$$

式中：1 至 $P-1$ 时段为已决策时段；P 至 t 为预测时段；$p_{i,t}^k$ 表示 t 时刻资源 k 在对应时域 i 的调控量；c_k 表示对 k 调控的成本系数。

采用控制域预测轨迹的成本与参考轨迹的运行成本的偏差度对全局运行的影响来定义动态时间间隔决策指标 ξ_t，则有

$$\xi_t = \frac{|F_{r,t} - F_{w,t}|}{F_t} \tag{5-20}$$

式中：$F_{r,t}$ 为控制域窗口预测轨迹的调度成本；$F_{w,t}$ 为控制域窗口参考轨迹的调度成本；F_t 为参考轨迹 t 时刻的全局成本。

当 ξ_t 较小时，即经过基于 MPC 的调度优化后的预测轨迹与参考轨迹之间的偏差对全局运行成本影响不大，则不触发调度指令，以减少不必要的调整指令，减少冗余调度。

动态时间间隔决策指标 ξ_t 的阈值 ξ' 设置是动态时间间隔方法的关键，时间间隔太大，会对系统状态误差的变化检测不明显，导致轨迹偏差增大；而过小则系统状态误差变化检测的精度较高，导致调度过于频繁，调整成本高，失去加入动态时间间隔调度的意义。

定义性能成本 ε 描述参考轨迹与采用不同阈值时调度轨迹偏差以及调整成本，则有

$$\varepsilon = \sum_{t=1}^{24} \left[\hat{u}_P(t) - w(t) \right]^2 \cdot C_p + \sum_{t=1}^{24} \Delta P_k^2(t) \cdot C_k \tag{5-21}$$

$$\hat{u}_P(t) - w(t) = |E^r(t) - E^w(t)| + |G^r(t) - G^w(t)| \tag{5-22}$$

式中：$\hat{u}_P(t)$ 为预测输出轨迹；$w(t)$ 为选取不同时间间隔决策阈值时最终调度轨迹；C_p 为轨迹偏差权重系数；$\Delta P_k(t)$ 为资源 k 在 t 时刻的调整量；C_k 为第 k 类资源的调整权重系数；$E^r(t)$ 为预测输出轨迹下 t 时刻电网交互功率；$G^r(t)$ 为预测输出轨迹下 t 时刻气网交互功率；$E^w(t)$ 为参考轨迹下 t 时刻电网交互功率；$G^w(t)$ 为参考轨迹下 t 时刻气网交互功率。

由 ε 的定义可知，当系统选定不同的时间间隔决策指标阈值时，会有不同的性能成本，而最优的阈值 ξ' 应使得性能成本最小。如果 t 时刻，$\xi_t \leqslant \xi'$，则触发动态时间间隔决策，否则不触发。对于一个 IES，类似于负荷预测等，可以基于历史数据预测，获得该 IES 系统在调度日的阈值 ξ'。

5.4.3 动态时间间隔调度流程

考虑动态决策调度时间间隔的快慢动态双层调度模型求解流程如图 5 - 5 所示。由于

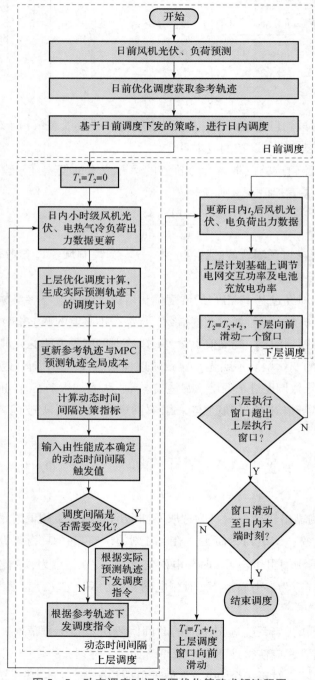

图 5 - 5　动态调度时间间隔优化策略求解流程图

Flow chart of dynamic dispatching time – interval strategy

冷热气系统实时运行状态和预测状态之间的偏差通常较小，日内调度慢动态层应根据调整调度成本与调度偏差之间的相关性，动态决策其是否需要执行调度指令，即依据 MPC 实时结果判定动态调度时间间隔以有效减少冗余调度，节省调度成本。具体步骤如下。

（1）日前调度计划。根据风电、光伏、冷热电负荷日前预测数据，在 24h 执行一次，时间分辨率为 1h。针对系统不确定性，考虑分时电 – 气价，以系统运行总成本最小为目标，确定合适的购电、购气和设备出力计划，得到日前经济调度计划。日前调度计划包括各个机组运行出力、启停状态、储能装置充放能状态。

（2）日内调度上层。基于 MPC，日内小时级风机光伏、电热气冷负荷出力数据更新，上层进行优化调度，以调整购气量和相关设备的出力调度成本最小为优化目标，生成实际预测轨迹下的调度计划，控制域的调度计划选择进入动态时间间隔决策过程。

（3）上层动态时间间隔调度。更新参考轨迹与 MPC 预测轨迹全局成本，计算动态时间间隔决策指标 ξ_t，输入由性能成本确定的动态时间间隔触发值 ξ'。如果在 t 时刻 $\xi_t \leq \xi'$，则不触发调度指令，以减少不必要的调整指令，减少冗余调度，上层根据参考轨迹下发调度指令；若在 t 时刻的调度时间间隔决策指标 ξ_t 较大，则表明 t 时刻预测轨迹与参考轨迹偏差较大，系统需要进行调整，即按照 MPC 预测轨迹进行调度计划的下发。

（4）日内下层调度。更新日内风机光伏、电负荷出力数据，下层调整计划基于上层调度计划进行优化，不改变上层已确定的机组和储能装置出力，只对电网交互功率和 BESPS 充放电进行调整，满足电能的实时平衡。下层窗口向前滚动，重复上述步骤，不断调整调度计划，直到下层滚动四个小窗口，即下层执行窗口与上层执行窗口重合时，下层调度结束，向上层发送调度结束指令。

（5）上层接到下层调度结束指令后，向前滚动一个窗口，重复步骤（2）（3），确定上层调度计划后，重复步骤（4），当上下层执行窗口均滑动至日内末端时刻时，全天调度结束。

5.5　日前调度模型算例分析

5.5.1　算例基础数据

本节以前文建立的综合能源系统模型模拟 IES 日前调度计划，电系统包括风机、光伏、BESPS 和电网，冷系统包括电制冷机、吸收式制冷机和蓄冰槽，热系统包括热电联产装置、电锅炉和蓄热罐，气系统包括 P2G、储气罐和气网。在综合能源系统的经济调度中，外部能源价格和风光供电直接影响运行优化的效果，本章涉及的能源价格均采用分时价格，分时电价和气价分别如表 5 – 1 和表 5 – 2 所示，天然气与电力互为辅助能源，当天然气供应负荷差额比电力耗费低时，IES 购入天然气以满足负荷差额，且在售电电价高时，天然气转化为电力售电；当电力供应负荷差额比电力耗费低时，IES 购入电力以满足负荷差额；储能装置将对负荷差额进行补充。冷热负荷、电负荷、气负荷，光伏、风电数据分别如图5-6、图5-7所示，室外温度和光照强度如图5-8、图5-9所示。

表5-1   分时电价
Time - of - use price

时段	区间划分	购电/[元/(kW·h)]	售电/[元/(kW·h)]
峰	10：00~15：00 18：00~21：00 07：00~10：00	0.88	0.63
平	15：00~18：00 21：00~23：00	0.43	0.34
谷	00：00~07：00 23：00~24：00	0.16	0.14

表5-2   分时天然气价格
Time - sharing natural gas price

时段	时段	气价/(元/m³)
峰	08：00~12：00 16：00~19：00	3.8
平	06：00~08：00 12：00~16：00 19：00~22：00	3
谷	22：00~06：00	2.4

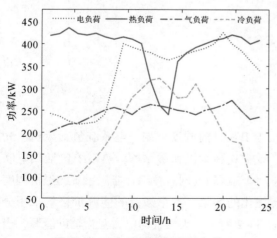

图5-6 IES冷热电气日前负荷
day - ahead load of IES

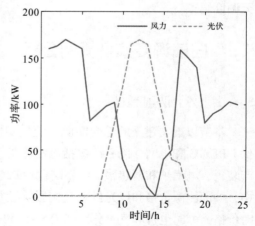

图5-7 光伏和风电日前出力
output of Photovoltaic and wind power

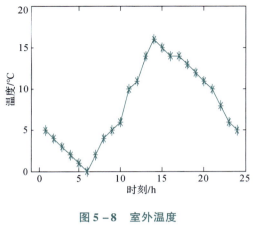

图 5-8　室外温度

Outside temperature

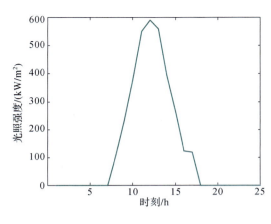

图 5-9　光照强度

Solar radiation

从负荷需求来看，电负荷与热负荷规模相当，气热负荷和冷负荷需求较少，且负荷需求平滑。日内实时负荷依照 MPC 进行预测，根据实时运行数据不断修正反馈。电负荷的日内实时数据相较于冷、热、气负荷波动较大，因此，电能需要更小的调度时间间度来满足负荷需求。风力发电在夜间达到高峰值，光伏发电则在日中达到高峰值。可再生能源发电量并不能满足同时段的高峰低谷状态，在传统的单一能源系统中，夜间用电需求小的时候会有弃风现象发生。可再生能源的波动取决于自然条件，如果有极端天气情况出现，可再生能源波动较大，则需要用储能装置将可再生能源出力转化为方便存储的能源，以供后续使用，尽量减少可再生能源的浪费。

5.5.2　日前调度结果分析

为更好地分析复杂综合能源系统结构下各机组的协同配合及计及建筑物虚拟储能特性的日前调度优势，本节将设定以下两个情景进行对比。

情景一：不考虑建筑物热惯性的日前调度。

情景二：计及建筑物热惯性的日前调度。

（1）调度结果对比。

两种情景日前调度成本如表 5-3 所示。情景一的优化调度结果如图 5-10 所示。

表 5-3　　　　　　　　　　不同情景日前调度成本

Scheduling costs in different scenarios

情景	日前调度成本/元
一	8114.23
二	7843.06

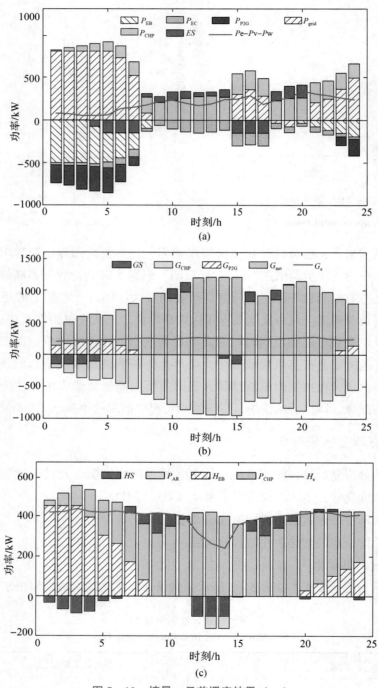

图 5 – 10　情景一日前调度结果（一）

Day – ahead scheduling results

（a）电能日前调度曲线；（b）气能日前调度曲线；（c）热能日前调度曲线

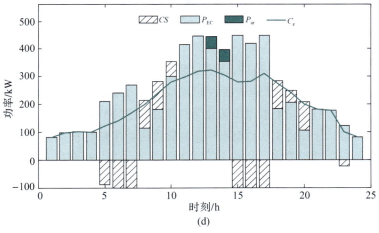

图 5 – 10 情景一日前调度结果 （二）

Day – ahead scheduling results

（d）冷能日前调度曲线

在不考虑人体舒适温度和建筑物虚拟储能的情况下，储冷装置在能源价格较低的时段并没有大量蓄能，而是在电价气价均不处于高峰期时就提前放能，以维持室内温度。电制冷机在电价高峰时期出力不降反增，且储电装置频充放电频繁，对储电装置的损耗较大。虽然储电 – 气 – 冷 – 热装置仍然满足在能源价格低谷期蓄能以供能源价格高峰时期使用的规律，但存在还未到达能源高峰时期时就提前放能的情况，也存在能源价格较高时购入能源量增大的情况，所以日前调度成本较高。

引入建筑物虚拟储能以后，储能装置的用能情况得到改善，建筑物的虚拟储能特性充放能情况如图 5 – 11 所示。

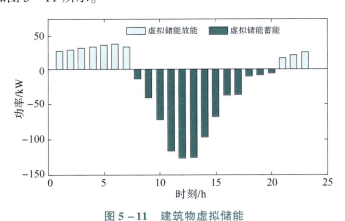

图 5 – 11 建筑物虚拟储能

the virtual storage of buildings

由图 5 – 11 可知，建筑物虚拟储能充放能情况与室外温度变化和光照强度变化趋势接近，当太阳辐照提供给室内的热能较高、室外温度较高时，建筑物虚拟储能蓄能，以供夜间温度较低且没有光照供热时刻放热，以保证室内温度维持在人体舒适温度范围内。

（2）最优调度结果分析。

图 5-12 为情景二电气冷热日前调度结果，由图可知。

1）在电价和天然气价格都处于低谷时段时，系统向大电网购电满足电负荷需求、电能通过 EB 转化为热能，通过 P2G 转化为气能，通过 EC 转化为冷能，BESPS 在电价低谷时段进行充电。由 EB、CHP 机组和蓄热槽放热承担热负荷需求，气负荷主要由购气和 P2G 设备运行来满足需求，同时储气罐储气。如 22：00 到次日 6：00 时段，电网大量购电，BESPS 充电，为后期电价高峰时期提供电能，EB 出力增加，P2G 出力增加，将可再生能源转化为气能储存起来，提高可再生能源的消纳率，减小弃风现象的发生。与此同时，气网购气量减少，储气罐储能以备后续使用，CHP 出力减少，此时主要靠消耗高品位的电能来满足负荷差额。

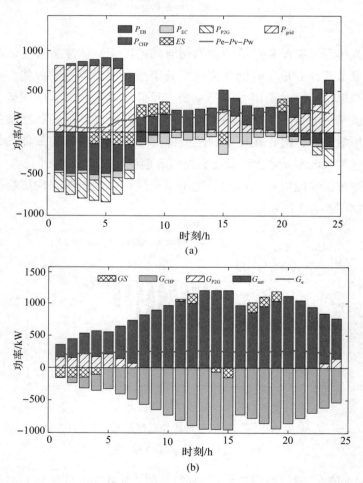

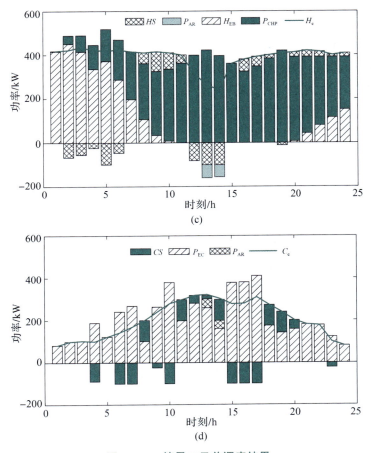

图 5 - 12 情景二日前调度结果

Day - ahead scheduling results

（a）电能日前调度曲线；（b）气能日前调度曲线；
（c）热能日前调度曲线；（d）冷能日前调度曲线

2）当只有电价处于高峰段时，购电量减少，此时用天然气转化为其他形式的能源以供负荷需求更加划算，从外部气网购气量增多，BESPS 放电满足电负荷的缺额，EB、P2G 减少出力，CHP 出力增加，吸收式制冷剂出力增加。如时段 16：00～21：00，P2G、EB 不出力，气负荷由气网购气和储气罐放能满足，BESPS 放电，EC 出力减少；时段 10：00～15：00，EB 不出力，BESPE 放电，购电减少，购气增多，热负荷主要由 CHP 机组和储热罐放热满足。

3）在天然气价格和电价均处于高峰时期时，如时段 9：00～11：00 时，购电购气量均减少，EB 出力减少，P2G 不出力，虽然气网购气不多，但仍比电价气价均处于低谷时期时购气量增加，热负荷主要由气能转化满足，CHP 出力增加以满足热负荷，同时蓄能装置均放能。

4）当电价处于平时段时，电制冷机依然承担主要冷负荷，天然气承担主要负荷，储能装置按需放能。

5）当天然气价格处于高峰时期，气网购气量相较于平时段较少，但从外部电网购电量并未增加。电负荷差额主要依靠 BESPS 放电满足；热负荷主要依靠 CHP 机组出力和储热装置放热满足，CHP 出力相比高电价和低气价时段的出力有所减小；为满足冷负荷差额，储冷装置也会放能。

5.6 考虑快慢特性的日内双层调度模型算例

5.6.1 算例设置

本节根据上文建立的综合能源系统模型和日内调度模型制定调度计划，日内调度基于日前调度计划结果进行制定。为验证本章调度模型的必要性，日内调度模型将与传统的调度模型进行对比，分析能源协同方式，计算运行成本以证明所提调度模型的经济性，同时，通过机组出力对比验证所提日内调度模型对系统运行灵活性的提升。算例采用 MATLAB 下 Yalmip 工具箱调用 Cplex 求解器进行求解。

5.6.2 快慢特性双层日内调度结果分析

为了验证日内双层调度策略的合理性和灵活性，本节以日内调度策略为基础，按照不同的调度时间间隔设置三种场景，用以分析不同场景下控制设备出力调整情况和负荷需求满足情况。三种策略设置分别如下。

策略一：调度时间间隔为 15min 的日内调度策略。

策略二：调度时间间隔为 1h 的日内调度策略。

策略三：日内双层调度策略。

（1）策略一。

图 5 – 13 为采用传统的单层日内调度（调度时间间隔为 15min）的结果，可以看出，日前调度计划无法很好地满足日内实时电负荷需求量，因为日内调度周期长，一次性决定了 24h 的调度计划，无法根据实时数据进行调度计划的调整，不能适应最新的可再生能源出力和负荷波动。而添加日内调度以后，电负荷需求量可以很好地被满足，选择更短的调度时间间隔策略可以让电负荷需求量得到更好的满足。

但通过图 5 – 14 可以看出，选择精确度更高、调度时间间隔较短的调度策略也存在缺点。IES 内的设备都将频繁地进行出力调整，比如 P2G、吸收式制冷机这种调整速度较慢的机组会跟着系统进行统一调整，调整成本大大提高的同时，也会拖累系统运行灵活性和高效性。

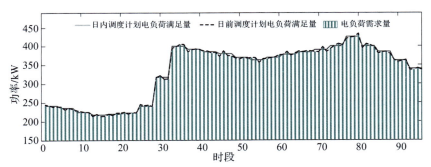

图 5 – 13　调度计划电负荷满足量 – 电负荷需求量对比图

Comparison between the supply of different scheduling plan

and the demand of electric load

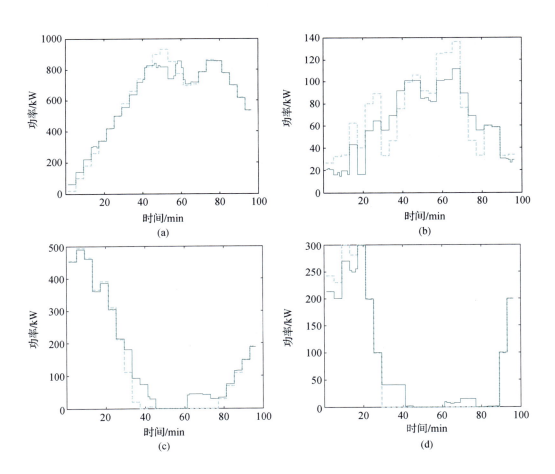

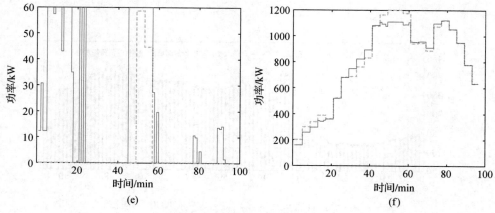

(e)　　　　　　　　　　　　　　　(f)

图 5-14　单层日内调度结果

traditional intraday scheduling results

（a）CHP 机组；（b）电制冷；（c）电锅炉；（d）P2G；（e）吸收式制冷机；（f）与天然气网交互功率

----- 日前调度计划；—— 单层日内调度计划

（2）策略二。

图 5-15 为采用传统的单层日内调度（调度时间间隔为 1h）的结果，可以看出，由于调度时间间隔的增大，响应较慢的机组如 CHP、AR、电锅炉等机组相比于策略一的调整频率明显减小，调整量也显著减少，所以调整成本是明显减少的。

但是根据图 5-16 来看，由于调度时间间隔的增长，日内的实时跟踪性显著降低，对实时平衡性要求高的电负荷需求无法被满足，不能够适应日内可再生能源出力和负荷波动。所以调度时间间隔增大虽然可以减少调整频率和减少具有慢响应机组的调整频率和调整量，但是电负荷的需求无法得到实时满足。

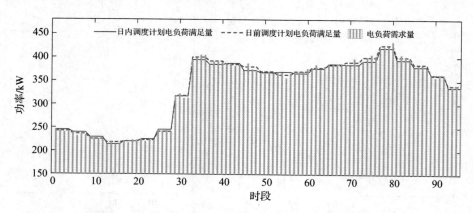

图 5-15　调度计划电负荷满足量-电负荷需求量对比图

Comparison between the supply of different scheduling plan and the demand of electric load

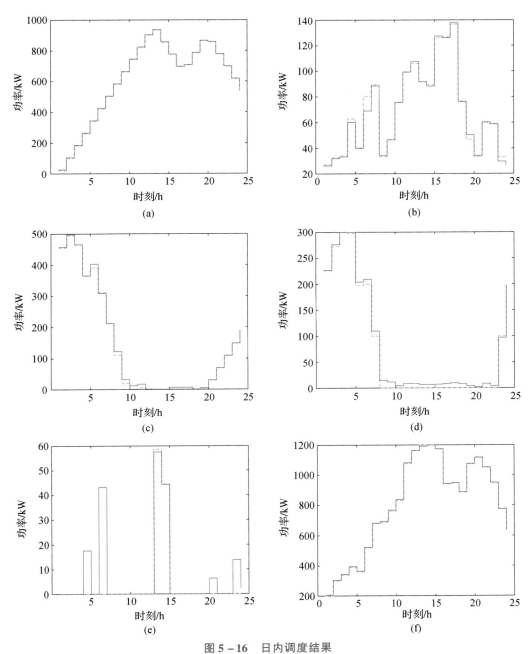

图 5-16　日内调度结果

traditional intraday scheduling results

（a）CHP 机组；（b）电制冷；（c）电锅炉；（d）P2G；

（e）吸收式制冷机；（f）与天然气网交互功率

------日前调度计划；——单层日内调度计划

（3）策略三。

图 5-17 为双层调度模型的调度结果。

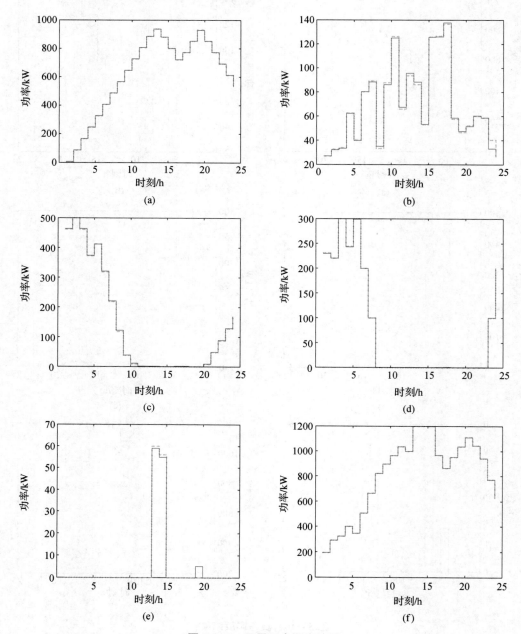

图 5-17　双层日内调度结果

Two - layer intraday scheduling results

（a）CHP 机组；（b）电制冷；（c）电锅炉；（d）P2G；

（e）吸收式制冷机；（f）与天然气网交互功率

-----日前调度计划；——单层日内调度计划

由于分为快速层和慢速层两层进行调度，快速层的电负荷需求可以得到实时满足，具有策略一的优势的同时，慢响应特性的机组调整频率与调整量也比情景一少，所以双层调度模型兼顾了较低的调整成本和满足电负荷平衡性高要求两个优点。而且由于情景二的长调度时间间隔模型是将整个 IES 系统看成一个统一的系统进行调度，负荷差额会"均摊"，单层调度模型的调整量始终都要比双层调度模型的调整量更多。

无论选择何种调度时间间隔，传统的调度模型下，具有慢响应特性的机组都会随着负荷和可再生能源的波动不断进行调整，当调度时间间隔较小时，虽然负荷需求量得到满足，但设备的调整量和调整次数会随之增加。

综上所述，日内快慢层调度模型的优势如下。

（1）电能与热、冷、气能的负荷需求量相差较大，电能需要满足实时平衡，而热、冷、气能对实时平衡的要求较低，传统的调度模型不管选用哪种调度时间间隔，都会因为需要满足电能的要求而缩短调度时间间隔，提高调整成本，频繁调节与慢响应模态网络相连的设备，拖累系统运行灵活性，提高调度压力。而快慢层调度模型可以将电能与热、冷、气能子系统分层调度，选择性地搭配调度时间间隔，电能子层缩短调度时间间隔并不会带动慢速层的子系统一起进行调度，可以很好地解决传统调度模型的供需不均衡的问题。

（2）快慢层双层日内调度模型上层优化冷、热、气层，下层优化电能，逐级优化，能够实现能量的分层管理，这样具有慢动态特性的冷、热、气子系统可以有足够的响应时间。

（3）传统调度模型的调整次数与调整频率比双层调度模型高一些，即使是在慢速层与传统调度模型采用同样的调度时间间隔的情况下。主要是因为传统调度模型将 IES 看作一个整体，统一优化调度，所有的设备与能源层都会参与到调度中，负荷差额将分摊给各个变量，导致 IES 的能源转化设备都会参与到调整计划中。而双层优化调度模型采取分层优化，在满足慢速层供需平衡的情况下，使上层的调整成本最小，将负荷差额转移至了下层。

因此，针对多模态系统，根据异质能源特性差异进行分层调度的双层调度模型可以兼顾"跟踪电负荷实时波动"和"减少慢模态子层/机组调整"的优点。

5.7　考虑动态时间间隔的日内调度模型算例

5.7.1　算例设置

本节算例建立在上一节的基础上，进一步改正日内优化调度模型，加入动态时间间隔决策指标。加入的动态时间间隔调度方法是混合时间尺度调度，其优势是相较于传统单层和固定时间间隔调度模型来说更加灵活。动态时间间隔决策指标阈值的选取对调度结果具有较大的影响。算例采用 MATLAB 下 Yalmip 工具箱调用 Cplex 求解器进行求解。选取本算例 IES 系统的日前运行数据，日内运行数据设定为 3 组数据，从数据 1～数据 3，预测偏差逐步增大，其性能成本随 ξ_t 的变化趋势如图 5 - 18 所示。

可见，3 条曲线变化趋势基本相同，随着 ξ_t 从 0 逐步增大的过程中性能成本逐渐减小，在到 0.09×10^{-3} 附近时达到最小值后，又逐渐增大。这是因为随着 ξ_t 增大，慢动态系统调整时间增大，减小了调整成本，而随着 ξ_t 的进一步增大，使得系统轨迹偏差大大增加，性能成本开始逐步增大。

而 3 条轨迹变化趋势基本相同，则证明当日前运行方式确定时，日内的动态时间间隔的最优阈值在某一固定值附近波动，故在实际运行过程中，可以根据该系统的日前调度计划，参照历史统计数据确定日内动态时间间隔阈值。

本节选取 0.085×10^{-3} 作为动态时间间隔阈值。

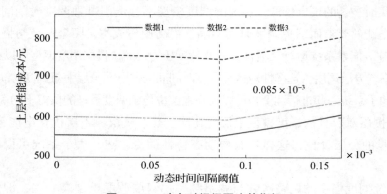

图 5 - 18　动态时间间隔决策指标

Dynamic time – interval decision – making index

5.7.2　动态时间间隔影响分析

为验证考虑动态时间尺度的调度策略的有效性，分别对比以下三种策略下调度次数和调度成本。

策略 1：考虑动态时间间隔的快慢层调度模型。

策略 2：不考虑动态时间间隔的快慢层调度模型。

策略 3：考虑动态时间间隔的所有能源层统一调度模型。

（1）策略 1 与策略 2 对比。

由表 5 - 4 可知，采用策略 1 后，慢动态层调整次数从 24 次减小为 12 次，也就是对于慢动态层热网、气网来说，一天 24 h 中有 50% 的时间不需要调度。加入动态时间间隔决策后慢动态层调整成本减少了 47.3%，总调整成本减少 6.5%。

在 2:00、4:00~5:00、7:00、9:00~10:00、13:00~15:00、18:00、20:00 系统状态较为稳定，不需要进行出力调整。此时策略 1 的各设备的出力曲线如图 5 - 19 所示，实际出力轨迹与参考轨迹重合，其余时刻遵照 MPC 预测轨迹进行出力调整。

表5－4 不同调度模型调度结果

Different scheduling model operating results

模型	调整次数		上层调整成本/元	总调整成本/元
	慢动态层	快动态层		
1	12	96	342.41	4391.3
2	24	96	650.38	4702.6

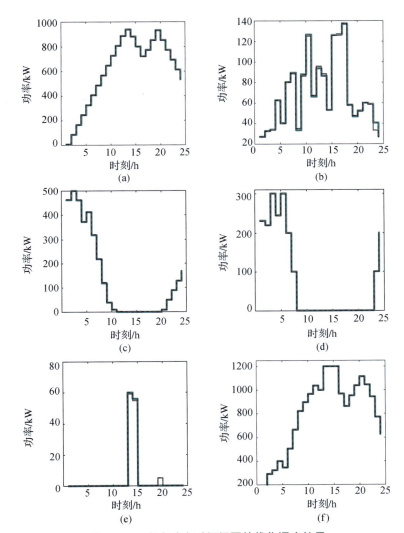

图5－19 考虑动态时间间隔的优化调度结果

Optimization results based on dynamic time－interval

（a）CHP机组；（b）电制冷；（c）电锅炉；（d）P2G；

（e）吸收式制冷机；（f）与天然气网交互功率

——参考轨迹；——预测轨迹；------实际出力

（2）策略 1 与策略 3 对比。

策略 3 将电气热冷多模态异质子系统看为一个整体进行调度。考虑采用动态时间间隔，策略 1 和策略 3 调度结果如表 5 – 5 所示。

表 5 – 5　　　　　　　　　不同调度模型调度结果
Different scheduling model operating results

模型	系统调整次数		设备调整次数					机组调整占比	总调整占比
	快层	慢层	EB	CHP	P2G	EC	AR		
1	12	96	11	12	8	12	1	9.2%	19.8%
3	76		63	76	58	76	17	15.1%	35.1%

由表 5 – 5 可知，策略 3 由于电能与冷热气能的供需不平衡率差别较大，且电能对实时平衡的要求较高，需要选择较短的调度时间间隔以准确的捕捉到快变系统的动态过程，总调整次数为 76 次，此时具有慢响应特性热网气网随着电网一起进行频繁调整，导致系统状态时刻处于暂态变化过程，大大降低了系统调度的经济性，增大了冗余调度。

策略 1 采用快慢双层调度策略将天然气系统、热力系统和电力系统分别进行调度，可以有效减小与气网、热网相连机组的调度次数，实现能量的分层管理。慢动态层一天 24 小时只需选取 12 个小时进行调度，可使慢动态特性的冷热能具有足够的响应时间，减小不必要的调整动作。对于要求实时平衡的电能，快动态层 96 个时刻均进行调度，只通过从大电网购电和 BESPS 充放电来满足电负荷差额，不需要调动与慢响应系统相连的机组，可以满足快模态子系统对供能平衡的高要求。

策略 3 各机组出力和气网交互功率如图 5 – 20 所示。相较于策略 1，机组出力平稳度降低，电锅炉、电制冷机等响应速度慢的设备调整次数大大增加。对比两种策略出力结果可见如下情况。

（1）由于电能变化对实时平衡要求高，策略 3 会提高调整次数占比，增加电能运行平衡度。

（2）策略 3 调整次数与调整占比整体高于策略 1，主要是因为前者统一优化，电气热冷四个子层耦合，在优化周期内参与的变量多，调整量将根据调整成本系数差别平摊到各个变量，导致各设备均或多或少参与到了调整计划中。

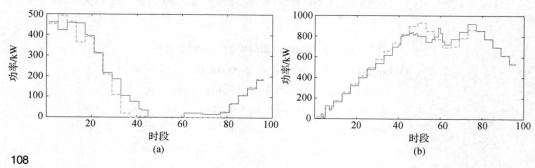

(a)　　　　　　　　　　　　　　　　(b)

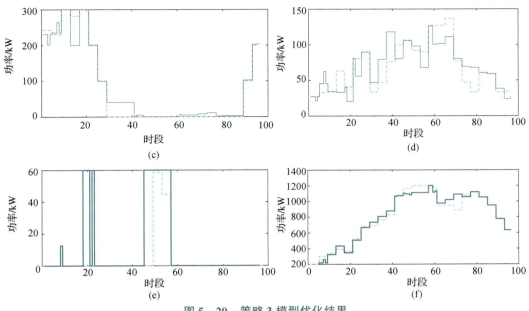

图 5-20 策略 3 模型优化结果

Optimization results of model 3

（a）电锅炉出力；（b）CHP 机组出力；（c）P2G 机组出力；
（d）电制冷出力；（e）吸收式制冷机出力；（f）与天然气网交互功率

------ 单层参考轨迹；——— 单层实际出力

（3）策略 1 先进行慢动态层优化，在保证机组出力平衡的约束下，尽量减少慢速层机组的调整，将负荷差额由快动态层调整平衡，极大减少了冷热相关设备的调整次数。

尽管快动态层的电力设备调整占比普遍高于慢动态层，但由于其具有快速响应特性，并不会降低系统的运行性能，相对于策略 3，策略 1 设备的调整占比总体减小 5.9%，同时，考虑到气网交互、与外电网交互频率的总调整占比也减小了 15.3%，由电网购售电和电池充放电满足负荷差额，出力如图 5-21 和图 5-22 所示。与策略 3 相比，策略 1 电网交互功率调整量略有增加，电池充放电调整量增多，增大了调整成本，但充放电次数反而减小，有利于延长电池使用寿命。

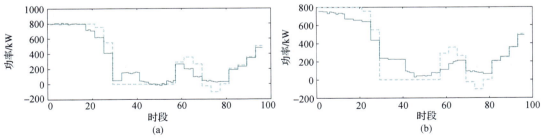

图 5-21 电网交互功率对比

Comparison of interactive power between the grid

（a）策略 1；（b）策略 3

------ 参考轨迹；——— 实际出力

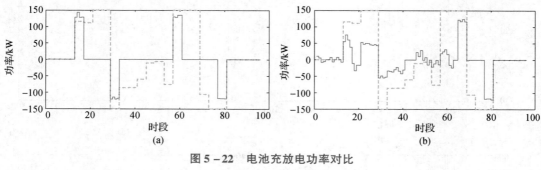

图 5 – 22 电池充放电功率对比

Comparison of ES charging/discharging

（a）策略 1；（b）策略 3

------ 参考轨迹；——— 实际出力

综上所述，日内计及动态时间间隔的快慢双层调度模型可以根据能量的快慢特性设定不同调度时间间隔，同时针对慢动态系统根据动态时间间隔决策指标动态调整调度周期，充分挖掘和利用能量差异特性，提升系统运行性能。

本章小结

由于冷、热、气、电能源特性差异，对调度时间间隔的要求也有所不同，为合理安排调度时间间隔，本章提出了考虑动态时间间隔的快慢双层调度模型，上层通过动态时间间隔决策确立了合适的长时间尺度的调度时间间隔，下层依照实时调度层面，以上层调度计划为基准对设具有快动态特性的设备的运行状态进行调整，以应对可再生能源及电负荷小时间尺度的不确定性变化。结合算例可以得知，具有动态时间间隔的双层调度模型优势如下。

（1）下层电能依照逐级优化的方法，对实时平衡的要求得以满足的同时不会拖累慢速层机组和能源网络。

（2）调度模型从日前调度到日内分层调度，慢速层通过动态时间间隔决策扩大调度时间间隔，快速层跟踪上层调度计划，以此确立下层电能优化调度计划，这样处于慢速层的控制设备可以有更多的时间进行出力调整，克服其延时特性，大大提高了整体系统调度精度，在供需稳定性方面有很大的提升。

（3）通过挖掘利用能源特性差异，在不需要下发调度指令的时候不对慢速层进行调整，降低调整成本的同时还可以兼顾供需平衡，解决了多模态异质系统时间尺度选择的难题。

第六章

考虑综合需求响应及用户满意度的IEGS低碳经济调度

近几年来，随着能源互联网和电力市场相关政策的实施，需求响应参与综合能源系统运行优化也越来越成为研究的热点并被大量应用。需求响应通过引导用户在负荷峰值时刻削减或转移负荷，发挥需求侧资源其灵活可变的优势，可改善用能结构和降低用能峰值，从而提高系统的运行稳定性。相对于单独的电力系统，电－气综合能源系统存在多种能源的深度耦合，可将其多能互补、协调互济的特点通过能源转化设备得到发挥，实现不同能源系统的梯级利用和相互转化。

随着电力市场的迅速发展，国内外推出了各种形式的需求响应项目。从实施主体角度，需求响应可分为系统主导型和市场主导型；系统主导型有系统能源供应商直接制定实施方案，强制用户进行需求响应，而市场主导型则通过制定相应的市场规则，能源供应商与用户之间可根据市场情况自行进行调整，能源供应商可根据系统负荷情况自行定价，引导用户参与需求响应，而用户可根据自身情况进行用能调整，进而在保证系统安全平稳运行时，实现系统运行经济效益最大化。

电－气综合能源系统包含电和气两种能源，从电力市场下的价格型和激励型需求响应出发，可衍生出综合能源市场中的需求响应机制。在此环境下，以能源间相互替换特点为基础的替代型需求响应应运而生。IEGS 中不同能量载体相耦合，需求侧响应不仅包括同种能源在用能时间上的调整，还包括用能种类的切换。本章根据负荷在时间轴上可调整的方式，以及用能种类的关系，将 IEGS 中可参与响应的负荷定义为 2 类，在分时能源价格机制下，制定考虑同种能源时移作用的纵向需求响应，以及不同能源替代作用的横向需求响应数学模型，基于综合需求响应和低碳运行机制，构建低碳经济调度模型，将两个单一能源系统的用户满意度评估指标改进为整个 IEGS 的用户满意度评价指标，将其作为约束条件加入调度模型中，经修改的 IEEE39 节点电力网络和比利时 20 节点天然气网络耦合系统进行了分析和验证。

6.1 负荷特性及综合需求响应模型

6.1.1 负荷特性分析

需求侧管理是指在保证需求侧用户用能体验的情况下，能源供应方使用经济、技术等方法，引导用户调整用能方式，进而取得经济和社会效益的管理模式。需求响应是需求侧管理的典型机制，主要用于电力行业中，由电力用户根据电力公司发出的电价信号和给出的激励措施调整用电时段与用电量，从而达到削峰填谷、互利双赢的目的。综合需求响应是在电力需求侧管理之上的扩充，主要的区别包括以下两方面，一方面参与综合需求响应的负荷种类多样化，不仅局限于电负荷，已经扩展为电负荷、热负荷以及气负荷。另一方面，由于多种负荷之间具有相互替代的作用，用户可以通过能源转换设备来满足用能需求。由于微能网具有能源转化与负荷聚合的功能，所以当电价高峰或主网下发调度需求时，各微能网通过调整各设备的工作状态和引导用户改变用能需求，减少、替代或转移一定量的负荷。故本节依据微能网负荷的用能特性，将参与综合需求响应的电、热柔性负荷分为可削减负荷、可转移负荷和可替代负荷。综上分别针对可削减、可转移电－热负荷建立模型如下。

可削减电－热负荷是指用户可以降低对能源的需求量，如用户的空调负荷、采暖负荷和照明负荷等，则有

$$P_{sell}^{d}(t) = P_{sell,ini}^{d}(t) - \alpha_t \Delta P_C(t) \tag{6-1}$$

$$H_{sell}(t) = H_{sell,ini}(t) - \alpha_t \Delta H_C(t) \tag{6-2}$$

式中：$P_{sell,ini}^{d}(t)$、$P_{sell}^{d}(t)$ 分别为 t 时段用户响应前后的电负荷；$H_{sell,ini}(t)$、$H_{sell}(t)$ 分别为 t 时段用户响应前后的热负荷；$\alpha_t = 1$ 表示 t 时段该负荷被削减，$\alpha_t = 0$ 表示 t 时段该负荷未被削减；$\Delta P_C(t)$、$\Delta H_C(t)$ 分别为 t 时段削减的电负荷量和气负荷量。

通过不同时段电价的差别或通过经济补贴的形式引导价格敏感用户调整用能行为，将部分高峰负荷转移至低谷时段。可转移电/热负荷是指用户具有灵活选择用能时段的特性，负荷可以从一个时段转移到另一个时段，但对能源需求的总量不会发生变化。由于蓄电池与储热罐的功能是在负荷高峰期放能，在负荷低谷期储能，从某种意义来讲，蓄电池与储热罐也是一种可转移电－热负荷，则有

$$P_{sell}^{d}(t) = P_{sell,ini}^{d}(t) + \sum_{t'=1,t'\neq t}^{T} \alpha_{t',t} \Delta P_{trans,L}(t) \tag{6-3}$$

$$H_{sell}(t) = H_{sell,ini}(t) + \sum_{t'=1,t'\neq t}^{T} \alpha_{t',t} \Delta H_{trans,L}(t) \tag{6-4}$$

式中：$\Delta P_{trans,L}(t)$、$\Delta H_{trans,L}(t)$ 分别为 t 时段用户实际转移的电负荷与热负荷；$\alpha_{t',t} = 1$

表示可转移负荷从 t' 时段转入至 t 时段，$\alpha_{t',t} = -1$ 表示可转移负荷从 t 时段转出至 t' 时段。

可替代负荷是指用户可以随机选择电力或者天然气来达到自己的用能需求，即使用不同的能源达到同样的目的，例如微能网可通过燃气锅炉或电锅炉供应热负荷。微能网作为综合能源系统中特殊的用户，具有能源转化功能，且能源体量大，是系统中主要的可替代负荷。

由于达到同样的用能效果，所需的电能和天然气不同，故本节提出电–气能源边际替代率，表示负荷替代前后能源消耗量的变化情况。具体指在满足用户需求的前提下，负荷替代前后用户对电能需求的变化量与用户对天然气需求变化量之间的比率，如式（6–5）所示。该比率取决于用户用能设备的工作效率，可基于各类用户用能过程的具体统计数据估计电–气能源边际替代率。例如，相同的时间段内，微能网采用电锅炉供热消耗电能 21600kJ，采用燃气锅炉供热消耗。天然气 60069kJ，则此时该微能网的电–气能源边际替代率为 0.36，则有

$$\beta_{eg} = \frac{\Delta P_{rep}}{\Delta G_{rep}} \qquad (6-5)$$

式中：β_{eg} 为电–气能源边际替代率；ΔP_{rep}、ΔG_{rep} 分别为负荷替代前后的微能网对电能、天然气需求的变化量。

运用热值等效可替代负荷进行建模

$$P_{buy}(t) = P_{buy,ini}(t) + \beta_{eg} G_{rep}(t) - P_{rep}(t) \qquad (6-6)$$

$$G_{buy}(t) = G_{buy,ini}(t) + P_{rep}(t)/\beta_{eg} - G_{rep}(t) \qquad (6-7)$$

式中：$P_{buy}(t)$、$G_{buy}(t)$ 分别为 t 时段微能网进行负荷替代后的购电量和购气量；$P_{buy,ini}(t)$、$G_{buy,ini}(t)$ 分别为 t 时段微能网不进行负荷替代的初始购电量和购气量；$P_{rep}(t)$、$G_{rep}(t)$ 分别表示 t 时段微能网实际参与调度的可替代电负荷与气负荷的量。

6.1.2　IEGS 需求响应策略

在 IEGS 运行中考虑综合需求响应机制，可以在纵向实现电力或天然气在时间上的平移，在横向实现不同能源之间的相互替代，对于充分发挥电–气之间的交互耦合的优点，提升 IEGS 的运行效率、平抑需求曲线具有非常重要的意义。此外，智能计量单元（smart metering unit，SMU）为能源供应商提供用户的用电量参考信息，能源供应商据此制定出合理的分时能源价格后反馈给 SMU，用户可通过 SMU 获取系统中能源的实时价格信息，并选择相对较优的能源使用策略（包括用能形式及负荷需求），以实现能源供应商和用户之间的综合效益最大化。具体的需求响应机制如图 6–1 所示。

在需求侧，可转移负荷和可替代负荷参与需求响应的优先级要高于可削减负荷，当前者对于负荷曲线的优化不够充分时，可削减负荷才会参与需求响应，并且对于参与响应的可削减负荷，系统要给予一定的削减补偿。

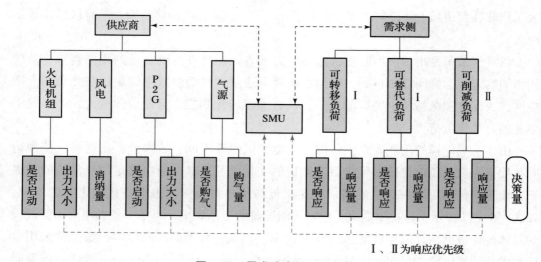

I、II为响应优先级

图 6-1　需求响应机制示意图

Schematic diagram of demand response mechanism

（1）纵向需求响应数学模型。

在天然气和电力价格改革的大背景下，阶梯定价、分时定价等定价方式的优势日益凸显，多地已开展分时电价试点。纵向需求响应通过不同时段电价－气价的差别引导价格敏感用户调整用能行为，将部分高峰负荷转移至低谷时段。

电－气负荷的纵向需求响应模型为

$$L^{\text{VDR}} = L^{\text{VDR0}} + \Delta L^{\text{VDR}} + L^{\text{re}} - \Delta L^{\text{re}} \tag{6-8}$$

式中：L^{VDR0}、L^{VDR} 分别为需求响应前后的电或气负荷；ΔL^{VDR} 为纵向需求响应可转移负荷变化量；L^{re} 为可削减负荷的反弹负荷；ΔL^{re} 为削减负荷。

在能源价格较高的时段，用户会自发减少该时段的负荷需求，并转移至相邻能源价格较低的时段。可以通过负荷量价格弹性系数来刻画纵向需求响应下的可转移负荷变化

$$\varepsilon_{ii} = \frac{\Delta l_{i,\text{e}}}{l_{i,\text{e}}^0} \frac{p_{i,\text{e}}^0}{\Delta p_{i,\text{e}}} \tag{6-9}$$

$$\varepsilon_{ij} = \frac{\Delta l_{i,\text{e}}}{l_{i,\text{e}}^0} \frac{p_{j,\text{e}}^0}{\Delta p_{j,\text{e}}} \tag{6-10}$$

式中，ε_{ii} 为第 i 时段的自弹性系数，表征本时段对应的负荷减少行为，为负值；ε_{ij} 表示时段 i 相对于时段 j 的互弹性系数，表征用户对其他时段价格变化的响应，为正值；$\Delta l_{i,\text{e}}$ 和 $\Delta p_{i,\text{e}}$ 表示 i 时段需求响应实施后的可转移负荷变化量和分时能源价格变化；$l_{i,\text{e}}^0$ 和 $p_{i,\text{e}}^0$ 表示需求响应实施前 i 时段的负荷量和能源价格。

对于 k 个时段的可转移负荷对纵向需求响应行为的模型如下

$$\left[\frac{\Delta l_{1,\text{e}}}{l_{1,\text{e}}^0} \quad \cdots \quad \frac{\Delta l_{k,\text{e}}}{l_{k,\text{e}}^0} \right]^{\text{T}} = \boldsymbol{E}_p \left[\frac{\Delta p_{1,\text{e}}}{p_{1,\text{e}}^0} \quad \cdots \quad \frac{\Delta p_{k,\text{e}}}{p_{k,\text{e}}^0} \right]^{\text{T}} \tag{6-11}$$

$$E_p = \begin{pmatrix} \varepsilon_{11} & \varepsilon_{12} & \cdots & \varepsilon_{1k} \\ \varepsilon_{21} & \varepsilon_{22} & \cdots & \varepsilon_{2k} \\ \vdots & \vdots & & \vdots \\ \varepsilon_{k1} & \varepsilon_{k2} & \cdots & \varepsilon_{kk} \end{pmatrix} \qquad (6-12)$$

式中：E_p 为能源价格弹性矩阵。

本节假设用户在改变用能计划后，可转移负荷总量不发生变化，弹性矩阵为无损矩阵，它的每列元素存在以下关系

$$\sum_{j=1}^{k} \varepsilon_{ij} = 0 \qquad \forall i \qquad (6-13)$$

可削减负荷在需求响应实施后，会在相近时段出现负荷反弹，本节假设削减的负荷在之后相邻的三个时段出现反弹，则有

$$L_t^{re} = \phi_1 \Delta dL_{t-1} + \phi_2 \Delta dL_{t-2} + \phi_3 \Delta dL_{t-3} \qquad (6-14)$$

式中：L_t^{re} 为 t 时刻的反弹负荷；ΔdL_{t-1}、ΔdL_{t-2}、ΔdL_{t-3} 分别为 $t-1$、$t-2$、$t-3$ 时刻的负荷削减量；ϕ_1、ϕ_2、ϕ_3 分别为反弹系数。

（2）横向需求响应数学模型。

横向需求响应主要取决于 IEGS 中电价与天然气价格之间的相对关系。在 IEGS 中，参与 HDR 的可替代负荷主要包括基于电-气混合制冷的空调设备、居民厨房电器等，当电价较高时，多能用户将选择用气而减少用电量；而当电价较低时，多能用户会增加用电量而减少用气。

横向需求响应可充分利用多能源系统中的互相替代关系，舒缓峰荷时段负荷增长趋势，平抑负荷曲线，缓解源荷在时间上不匹配的问题，提高系统的整体经济性和可再生能源消纳能力。IEGS 中的电负荷与气负荷的相互替代满足能量守恒定律，运用热值等效对横向需求响应进行建模，则有

$$\left(L_{i,e}^{HDR} - L_{i,e}^{HDR0} \right) + \eta \left(L_{i,g}^{HDR} - L_{i,g}^{HDR0} \right) = 0 \qquad (6-15)$$

$$\eta = \frac{Q_g \lambda_g}{Q_e \lambda_e} \qquad (6-16)$$

式中：$L_{i,e}^{HDR}$ 和 $L_{i,g}^{HDR}$ 分别为响应后的电、气负荷量；$L_{i,e}^{HDR0}$ 和 $L_{i,g}^{HDR0}$ 分别为响应前的可替代电、气负荷；η 为电-气热值转换率；Q_e 和 Q_g 分别为单位电力和天然气热值；λ_e 和 λ_g 分别为电力和天然气的利用效率。

系统参与横向响应的负荷量需满足以下约束

$$\Delta L_{i,e}^{\min} \leqslant L_{i,e}^{HDR} - L_{i,e}^{HDR0} \leqslant \Delta L_{i,e}^{\max} \qquad (6-17)$$

$$\Delta L_{i,g}^{\min} \leqslant L_{i,g}^{HDR} - L_{i,g}^{HDR0} \leqslant \Delta L_{i,g}^{\max} \qquad (6-18)$$

式中：$\Delta L_{i,e}^{\min}$、$\Delta L_{i,e}^{\max}$ 分别为可参与横向需求响应的最小、最大电力负荷量；$\Delta L_{i,g}^{\min}$、$\Delta L_{i,g}^{\max}$ 分别为可参与横向需求响应的最小、最大天然气负荷量。

6.2 用户满意度模型

用户根据能源价格进行用能调整时，还应该考虑用户的用能满意度。分时电价峰谷价差较大时，用户的用能方式产生大幅度的改变，会使用户的满意度下降，一方面导致用户对分时电价引导的需求响应产生抵制情绪，另一方面，也会对能源供应商的社会形象产生较大负面影响，进而影响需求响应策略的实施。因此，在引导用户进行用能调整时，应充分考虑用户的满意度。本节定义的用户满意度改进了已有研究中两个用户满意度指标，即用户用能方式满意度指标和用能费用支出满意度指标，从对一种能源的满意度评估改进为可实现对用户多种用能的综合评估。

6.2.1 用能方式满意度

用能方式满意度（satisfaction of energy use，SEU）由用户在用能调整行为前后，对应的电负荷及气负荷的变化量决定，负荷的变化量越大，即用户调整行为越多，对应的用户的用能方式满意度越低。

用能方式满意度（SEU）计算为

$$m_s = 1 - \frac{1}{2}\left(\frac{\sum\limits_{t=1}^{T} |\Delta l_t^e|}{\sum\limits_{t=1}^{T} l_t^e} + \frac{\sum\limits_{t=1}^{T} |\Delta l_t^g|}{\sum\limits_{t=1}^{T} l_t^g} \right) \tag{6-19}$$

式中：Δl_t^e、Δl_t^g 分别为用户用能调整前后每一时段的用电、用气变化量；l_t^e、l_t^g 分别为用户用能调整前每一时段的总用电量和总用气量。m_s 越小，用户用能方式满意度水平越低，一般 $m_s \in [0,1]$。

6.2.2 用能费用支出满意度

用能费用支出满意度（satisfaction of energy expenditure，SEE）由用户在用能调整行为前后，用户用电、用气支出的费用变化量决定，相对于用能调整之前，减少的用能费用支出越多，用户的用能费用支出满意度越高。

用能费用支出满意度（SEE）计算为

$$m_p = 1 - \frac{1}{2}\left(\frac{\sum\limits_{t=1}^{T} \Delta c_t^e}{\sum\limits_{t=1}^{T} c_t^e} + \frac{\sum\limits_{t=1}^{T} \Delta c_t^g}{\sum\limits_{t=1}^{T} c_t^g} \right) \tag{6-20}$$

式中：Δc_t^e、Δc_t^g 分别为用户用能调整前后每一时段用户支出的电费、气费变化量；c_t^e、c_t^g 分别为用户用能调整前每一时段电费支出和气费支出。m_p 越大，用户用能支出费用满意度水平越高。

6.3　考虑综合需求响应及用户满意度约束的 IEGS 低碳经济调度模型

6.3.1　目标函数

低碳经济调度模型包含 4 个部分，分别是系统的运行成本、弃风惩罚成本、CO_2 相关成本以及可削减负荷的削减补偿成本。其模型如下

$$\min(C_e + C_g + C_{P2G} + C_{cur} + C_{CO_2} + C_{cps}) \qquad (6-21)$$

式中：C_e 为非燃气机组运行成本；C_g 为系统购气成本；C_{P2G} 为 P2G 运行成本；C_{cur} 为系统弃风成本；C_{CO_2} 为二氧化碳相关成本；C_{cps} 为削减补偿。

（1）非燃气机组运行成本 C_e 主要是燃煤机组的运行成本，则有

$$C_e = \sum_{t \in T, i \in \Omega_{CG}} \left[S_i + f(P_{G,i,t}) \right] \qquad (6-22)$$

式中：T 为调度周期；Ω_{CG} 为火电厂机组集合；S_i 为火电机组 i 在时段 t 的启动费用；$P_{G,i,t}$ 为火电机组 i 在时段 t 的出力；$f(P_{G,i,t})$ 为时段 t 火电机组 i 的发电成本函数，采用二次函数模型

$$f(P_{G,i,t}) = a_i P_{G,i,t}^2 + b_i P_{G,i,t} + c_i \qquad (6-23)$$

式中：a_i、b_i、c_i 为火电机组 i 的耗量特性参数。

（2）燃气机组耗气成本 C_g 有

$$C_g = \sum_{t \in T, j \in \Omega_{GT}} C_N Q_{N,j,t} \qquad (6-24)$$

式中：Ω_{GT} 为燃气机组集合；C_N 为天然气价格；$Q_{N,j,t}$ 为 t 时刻燃气机组 j 的天然气耗气量。

（3）P2G 运行成本 C_{P2G} 有

$$C_{P2G} = \sum_{t \in T, k \in \Omega_{P2G}} C_{P2G,k} P_{P2G,k,t} \qquad (6-25)$$

式中：Ω_{P2G} 为电转气设备集合；$C_{P2G,k}$ 为电转气设备 k 单位功率转化的运行成本；$P_{P2G,k,t}$ 为 t 时刻电转气 k 转化的有功功率。

（4）系统弃风成本 C_{cur} 有

$$C_{cur} = \sum_{t \in T, p \in \Omega_{wind}} C_{cur,p} \delta_{p,t} P_{wind,p,t} \qquad (6-26)$$

式中：Ω_{wind} 为风电场接入点集合；$C_{cur,p}$ 为风电场 p 的弃风惩罚系数；$\delta_{p,t}$ 为 t 时刻风电场 p 的弃风率；$P_{wind,p,t}$ 为 t 时刻风电场 p 的可用有功出力。

（5）二氧化碳相关成本 C_{CO_2} 包括化石燃料机组排放 CO_2 的碳税成本和储碳设备的储碳成本，则有

$$C_{CO_2} = \sum_{t \in T} \left[p^{ts} \left(\sum_{i \in \Omega_{CG}} \mu_{i,CG} P_{i,CG} + \sum_{i \in \Omega_{GT}} \mu_{i,GT} P_{i,GT} \right) + p^s M_{s,t}^{CO_2} \right] \quad (6-27)$$

式中：$\mu_{i,CG}$、$\mu_{i,GT}$ 分别为常规火电机组和燃气机组的 CO_2 排放强度；$P_{i,CG}$、$P_{i,GT}$ 分别为常规火电机组和燃气机组的出力；p^{ts} 为碳税价格；p^s 为 CO_2 存储价格。

（6）可削减负荷的削减补偿 C_{cps} 有

$$C_{cps} = \sum_{t \in T} (\tau_e P_{re} + \tau_g F_{re}) \quad (6-28)$$

式中：P_{re} 为削减的电负荷总量；F_{re} 为削减的气负荷总量；τ_e、τ_g 分别为电、气负荷补偿系数。

6.3.2　IEGS 运行约束

（1）电网运行约束、天然气网约束、碳捕集及储存约束在第三章中已详细阐述。

（2）电气耦合设备运行约束。约束条件包括压缩机压缩比约束和 P2G 消耗功率约束，则有

$$\begin{cases} r_k^{min} \leqslant \dfrac{\pi_{i,t}}{\pi_{j,t}} \leqslant r_k^{max} \\ 0 \leqslant P_{i,P2G,t} \leqslant P_{i,P2G,t}^{max} \end{cases} \quad (6-29)$$

式中：r_k^{min}、r_k^{max} 分别为压缩机 k 压缩比的最小、最大值；$P_{i,P2G,t}^{max}$ 为 t 时段 P2G 消耗电功率的上限值。

（3）用户满意度约束

$$m_s \geqslant m_s^{min} \quad (6-30)$$

$$m_p \geqslant m_p^{min} \quad (6-31)$$

式中：m_s^{min} 为用户用能方式满意度下限值；m_p^{min} 为用户用能费用支出满意度下限值。

6.3.3　模型求解流程

本节在 MATLAB 环境下，采用两阶段模型进行求解，首先应用需求响应数学模型求出优化后的系统负荷曲线；然后将所求负荷曲线与 IEGS 结合，以综合成本最小为目标，通过 Yalmip 工具箱调用 Gurobi 求解器进行求解。具体的求解步骤如下。

（1）输入整个 IEGS 的网络基础参数，以及对应的电负荷、气负荷、电价、气价数据。

（2）由步骤（1）中的负荷及价格数据，根据纵向需求响应模型确定电、气可转移负荷的转移量，可削减负荷的削减量，根据横向需求响应模型确定电、气可替代负荷的替代量。

（3）将步骤（2）中的负荷改变量与原始负荷曲线相结合，得到需求响应策略实施后的优化负荷曲线。

（4）输入系统的风电预测功率、火电机组、碳捕集、储碳设备等的数据，并拟定 N 种出力计划，根据对应的节点参数和供能网络参数，进行能流迭代计算，分别求解电力网潮流和天然气网潮流，并确定每种出力计划下的综合成本。

（5）判断 N 种计划出力是否全部求解完毕，是则比较得出综合成本最低时系统的运行情况，否则回到步骤4。

求解步骤的流程图如图6-2所示。

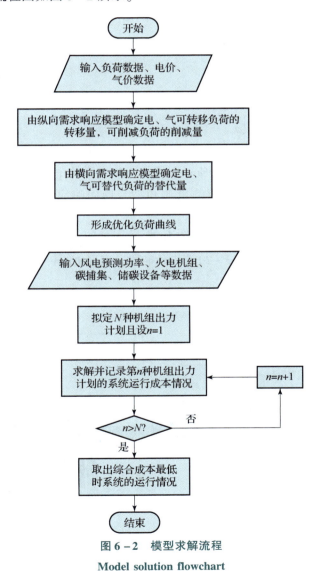

图6-2　模型求解流程
Model solution flowchart

6.4 算例分析

本节以改进的 IEEE39 节点电力系统和比利时 20 节点天然气系统组成的 IEGS39 – 20 节点综合能源测试系统为例进行分析，算例数据与 3.4 节中相同，算例的调度周期为 24h，单个时段长度为 1h。

6.4.1 需求响应对 IEGS 低碳经济调度的影响

为进一步研究需求响应对 IEGS 运行结果的影响，在 3.4 节场景 4 的基础上设置 4 种场景。

场景 1：不考虑需求响应。

场景 2：只考虑纵向需求响应。

场景 3：只考虑横向需求响应。

场景 4：考虑综合需求响应。

在场景 2 中，刚性负荷和柔性负荷占比分别为 30% 和 70%；场景 3 中，刚性负荷和可替代负荷占比分别为 70% 和 30%；在场景 4 中，系统中存在 5 个共负荷节点，每个节点的刚性负荷、参与纵向响应的负荷和参与横向响应的负荷占比分别为 30%，55% 和 15%。

场景 2 系统电负荷、气负荷变化情况如图 6 – 3 和图 6 – 4 所示。

由图 6 – 3 可知，场景 2 在 13 ~ 20 高电价时段，出现负的转移负荷；而在负荷低谷时

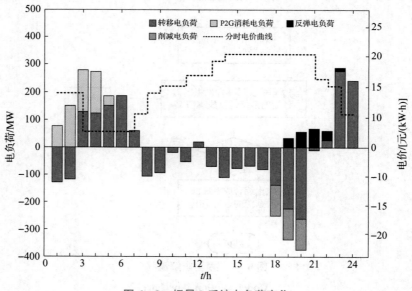

图 6 – 3 场景 2 系统电负荷变化

Electrical load change of scene 2

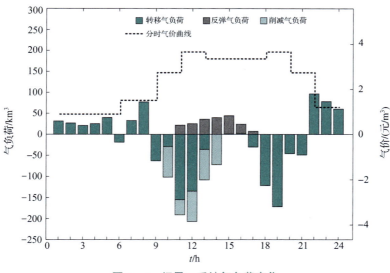

图6-4　场景2系统气负荷变化

System gas load change of scene 2

段，如时段3~7和时段22~24，对应电价较低，转移负荷为正。负荷最高的3个时段18~20，除转移负荷以外还调用了削减负荷来保证系统的安全性和经济性；在时段1~5，由于部分风电难以消纳，通过P2G将剩余风电转化为天然气，等效增加了电负荷。

图6-4为天然气负荷在参与纵向需求响应前后的变化，可以看到，天然气负荷和电力负荷存在类似的纵向响应特性，负荷和价格存在相反的变化趋势。

图6-5为场景3的负荷替代量对比，从图中可以看出，在时段14~20，此时电价和气价均属于较高时段，但气价低于电价，综合考虑能源效率等因素后，部分电负荷被天然气替代，而9~13时段，当电力和天然气价格接近时，电力负荷代替了气负荷。

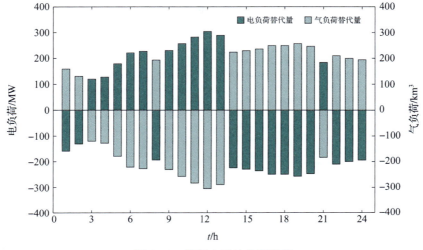

图6-5　场景3系统负荷变化

System load changes of scene 3

场景 2 和 3 相比于场景 1 负荷方差分别减小 17.96% 和 34.53%，负荷峰谷差分别减小 15.33% 和 19.92%。即横向需求响应和纵向需求响应都对负荷波动有平抑作用，相对于纵向需求响应，横向需求响应平抑负荷波动的作用更加明显，这是因为负荷高峰期的可转移负荷无法准确平移到需要增加负荷的低谷时段，灵活性相对较差；而可替代负荷可以根据电价和气价的实时情况，进行灵活调整。场景 1~场景 4 的优化结果对比如表 6-1 所示。

表 6-1　　　　　　　　　　　不同场景优化结果对比
Comparison of optimization results for 4 scenes　　　　　单位：万元

场景	总成本	火电成本	天然气成本	P2G 成本	碳税成本	储碳成本	弃风成本
1	2135.5	1517.8	141.7	11.4	360.3	10.9	93.4
2	2081.6	1434.6	141.6	7.9	355.6	12.9	104.9
3	2074.3	1487.4	141.5	12.6	356.1	15.1	61.7
4	2008.1	1431.3	139.6	14	354.4	14.1	49.6

以场景 1 为基准，场景 2~场景 4 的各项变化率如图 6-6 所示，以降低为正，升高为负。

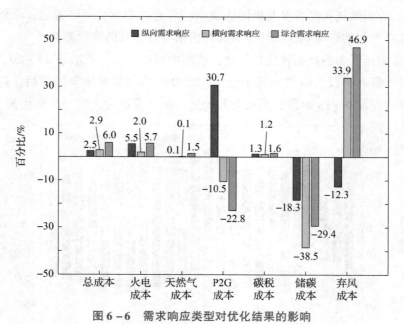

图 6-6　需求响应类型对优化结果的影响

Optimization result with different load demand

由图 6-6 可知，综合需求响应的引入可有效降低系统运行成本。纵向需求响应通过对负荷峰谷的平抑，充分调动了低耗能机组的发电能力，火电成本明显降低，此外，由于谷时段负荷量增大，弃风量减少，P2G 的利用率降低，导致捕集后的 CO_2 的存储成本升高，但总体来看，纵向需求响应带来的对于发电机组出力、碳排量降低等的优化作用产生的经济效益远大于系统增加的储碳成本支出。

横向需求响应相对纵向需求响应更加灵活，可充分发挥电和气之间的互济互替作用。在负荷低谷时段，由于风电的反调峰特性，此时为风电出力高峰，用户选择性价比更高的电能替代天然气，使风电得到充分应用，但相较于纵向需求响应，仍有大量剩余风电可用于 P2G 制取甲烷；而在负荷高峰时段，用户以天然气代替电能满足自身用能需求，负荷峰值降低，低成本火电机组出力便可满足用户需求，减少了高耗能机组的出力。

计及分时电价、气价，采用 IEGS 优化调度策略，用户用能调整前后的系统电、气负荷曲线如图 6-7 所示。

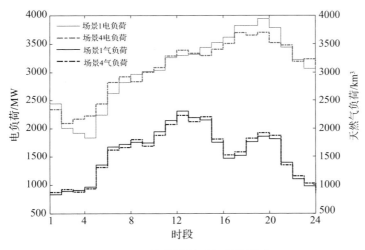

图 6-7　价格引导对负荷的影响

Influence to load curves by price guidance

从图 6-7 可以看出，供应商通过分时能源价格引导用户调整对电、气两种能源的使用情况后，系统的负荷曲线变得相对平缓。电力系统的负荷峰谷差明显降低，相对于激励前下降了 23.11%，负荷波动也得到了很好的抑制。系统气负荷的峰谷差相对用户用能调整之前有所上升，但考虑到电力系统的输电能力在电负荷高峰时有限，但是天然气系统由于储气罐的作用，所以系统的安全运行仍能得到保证。

相对于场景 1，场景 2、3、4 的碳税成本分别降低了 1.3%、1.2%、1.6%，分析对比图 6-6 和图 6-8 可知，未考虑需求响应时，在负荷高峰期，如图中时段 18—21，由于系统机组出力均接近峰值，故碳捕集所需耗能供应不足，导致捕集水平下降，考虑需求响应后，负荷峰值降低，则有足够的电量供应给碳捕集设备，进而减少了系统的碳排放。由于综合需求响应对于碳捕集水平的明显提升，场景 4 相对场景 1 碳税成本降低了 1.6%，同时，碳捕集水平的提高也为 P2G 的运行提供了充足的 CO_2，P2G 利用率提高，系统的弃风成本较场景 1 降低了 45.9%。

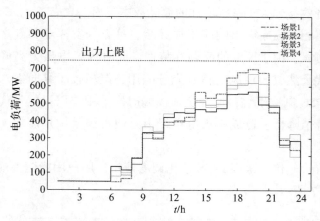

图 6 - 8　4 种场景碳捕集电厂净出力对比

Comparison of net output of carbon capture power plants in four scenarios

6.4.2　综合需求响应的灵敏性分析

影响系统需求响应策略实施的因素主要包括分时能源价格、可参与各类型需求响应的负荷占比，以及用户的参与率等。

在 6.4.1 节场景 2 的基础上，分析系统可转移负荷和可削减负荷的占比、电价峰谷电价差对系统成本的影响，如图 6 - 9 所示。

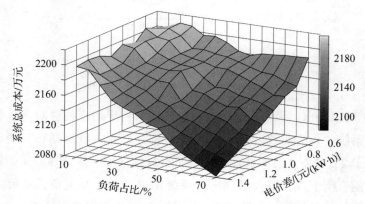

图 6 - 9　不同电价峰谷差、VDR 负荷占比下系统总成本

Total cost with different peak - to - valley electricity price and VDR

由图 6 - 9 可以看出，当参与纵向需求响应的负荷占比达到 20% 及以上时，随着电价峰谷差值的增大，系统的综合运行成本几乎呈线性降低，并且参与纵向需求响应的负荷占比越大，系统运行总成本对电价峰谷差越敏感，这是因为电价峰谷差越大，用户参与需求响应的积极性越高，对负荷曲线的优化越明显，系统总成本也越低。当电

价峰谷差降到 0.6 元/（kW·h）时，可参与纵向需求响应的负荷占比的变化对系统总成本几乎不构成影响，此时分时电价已经基本失去了对用户的引导作用。

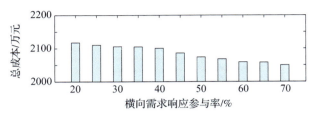

图 6-10　不同横向响应参与率时系统总成本变化
Total cost with different HDR

在 6.4.1 节中场景 3 的基础上，分别设定横向响应参与率从 20% ~70% 变化时系统成本的变化，如图 6-10 所示。随着 HDR 参与率的不断升高，系统总成本会逐渐减少。目前存在的 IEGS 所含可替代负荷比例较低，但在不久的未来，随着电 - 气两用设备的增多，横向需求响应参与率的提高会对提升系统经济性起到重要作用。

6.4.3　用户满意度对系统运行的影响

本小节在 6.4.1 场景 4 的基础上，分析了用户满意度指标变化时，对 IEGS 运行调度成本的影响，如表 6-2 所示。

表 6-2　　　　　　　　　　用户满意度对调度成本的影响
Optimization results under different user satisfaction

模式	SEU	SEE	火电机组费用/万元	购气费用/万元	总成本/万元
1	0.94	1.30	1407.67	140.12	2091.34
2	0.90	1.30	1351.43	140.06	2012.79
3	0.94	1.26	1396.14	140.05	2082.12
4	0.90	1.26	1340.49	139.21	2001.84

由表 6-2 可以看出，当保持系统用户费用支出满意度不变时，系统运行成本随着用户用能方式满意度的增加而增加，当用户费用支出满意度为 1.3 时，用能方式满意度增加 0.04，对应的系统运行成本比之前增加了 3.9%，费用支出满意度为 1.26 时，系统运行成本增幅为 4%。同样，当系统的用能方式满意度保持在同一水平时，用户费用支出满意度增加 0.04，用能方式满意度在 0.94 和 0.9 时对应的运行成本分别增加了 0.44% 和 0.55%，由此可见，相较于用能费用支出满意度，用能方式满意度对系统的成本影响更大。

对比表 6 – 2 的火电机组费用以及图 6 – 11 中机组 G2 的出力情况可知，不同用户满意度水平对应的系统运行成本的差别主要体现在火电机组的费用上，在负荷高峰时段，需要增加高耗能机组的出力来满足系统的用能方式满意度。

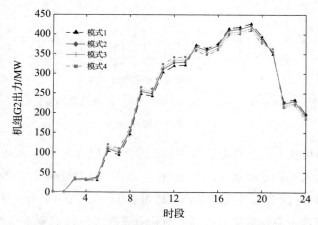

图 6 – 11　不同用户满意度下机组 G2 的出力对比
Comparison of unit G2 output under different user satisfaction

由表 6 – 2 和图 6 – 11 可以看出，用能方式满意度对系统的运行成本影响更大。选取用户费用支出满意度水平为 1.3 时，进一步分析系统在不同用能方式满意度下的运行成本，结果如图 6 – 12 所示。

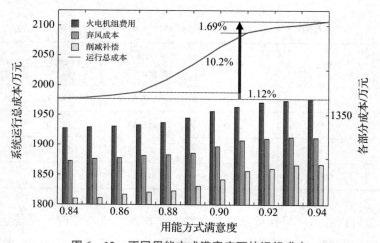

图 6 – 12　不同用能方式满意度下的运行成本
Operating cost under different energy consumption methods

由图 6 – 12 可知，系统运行成本随着用能方式满意度水平的提高而增加，但增长趋势不尽相同。由系统运行总成本曲线可以看出，曲线的斜率分为 3 个阶段，在用能方式满意度处于 0.84 ~ 0.87 和 0.92 ~ 0.94 两个区间时，系统成本的增幅相对较小，只有 1.12% 和 1.69%，但是在区间 0.87 ~ 0.91 之间时，系统成本增加了 10.2%。由此可见，用能方式满意度水平处于 0.87~0.91 范围内时，系统运行成本相对敏感。所以在通过价格激励用户侧参与需求响应优化系统运行时，可选择运行成本对应的用能方式满意度敏感区进行优化。

本章小结

本章在第三章的基础上，在兼顾用户用能满意度的同时，考虑引入需求响应对于系统运行影响的基础上进行分析。首先，对电、气负荷各自存在的负荷特性进行了分析，根据负荷在时间轴上可调整的方式，以及用能种类的关系，将可参与响应的负荷定义为两大类，并相应制定了横向和纵向两种需求响应策略；其次将两个单一能源系统的用户满意度评估指标改进为整个 IEGS 的用户满意度评价指标，并作为约束条件加入调度模型中，构建了考虑综合需求响应及用户满意度的 IEGS 低碳经济调度模型。算例结果表明，在分时能源价格机制下，引入需求响应可以明显降低系统的运行成本，平抑负荷波动，相对于纵向需求响应，横向需求响应平抑负荷波动的作用更加明显，此外，综合需求响应策略实施后，由于碳捕集设备供能充足，碳捕集水平也得到提升，同时也为 P2G 的运行提供了充足的 CO_2，P2G 利用率提高，系统的弃风成本降低。然后，还对需求响应的灵敏性进行了分析，当参与纵向需求响应的负荷占比达到 20% 及以上时，随着电价峰谷差值的增大，系统的综合运行成本几乎呈线性降低，并且参与纵向需求响应的负荷占比越大，系统运行总成本对电价峰谷差越敏感，而当电价峰谷差降到 0.6 元/(kW·h)时，可参与纵向需求响应的负荷占比的变化对系统总成本几乎不构成影响，此时分时电价已经基本失去了对用户的引导作用。最后，分析了用户满意度对系统运行的影响，相较于用能费用支出满意度，用能方式满意度对系统的成本影响更大，系统运行成本随着用能方式满意度水平的提高而增加，但增长趋势不尽相同，所以在通过价格激励用户侧参与需求响应优化系统运行时，可选择运行成本对应的用能方式满意度敏感区进行优化。

第七章

考虑综合需求响应的含多微能网IEGS优化调度

　　微能网作为一种分布式综合能源系统包含电、气、热三种能源，从电力市场下的价格型和激励型需求响应出发，衍生出综合能源市场中的需求响应机制。在此环境下，以能源间相互替换特点为基础的替代型需求响应应运而生。微能网中不同能量载体相耦合，需求侧响应不仅包括同种能源在用能时间上的调整，还包括用能种类的切换。本章首先在传统的电力需求响应基础上根据微能网的结构与用能特点构建了综合需求响应模型，然后，研究微能网与 IEO 的交互协调机制，构建了考虑联络管网约束的微能网优化模型，提出考虑多微能网与电－气网交互的优化调度方法，最后，通过算例验证了所提方法保证了微能网的私密性，改善了电力系统与天然气系统互联互济的能力，减小了主网电负荷的峰谷差，有利于城市能源互联网优化调度的经济性。

7.1　含微能网系统的优化调度模型

7.1.1　微能网分类

　　根据城市能源互联网中电源结构和负荷用能特点，可以将微能网分为：居民型微能网、商业型微能网和工业型微能网。不同类型微能网由于社会功能性质、生产生活定位不同，其能源种类、供能系统装置类型以及负荷特性存在差异，一般包含电、热及燃气等两种或多种负荷。各微能网除自身机组供能外，为保证能源供应可靠性，也与上层主网存在能量交互。随着可再生能源技术的不断发展，其成本不断降低，分布式风电、光伏等可再生能源等将成为微能网系统的主要电能来源。为实现微能网能源就地平衡，亟需理清各类型微能网结构与典型供、用能特征。

　　各类型微能网典型电负荷曲线如图 7 – 1 所示，不同种类微能网具有明显不同的用能特征。工业型微能网用能曲线较为平滑，负荷波动性低，居民型微能网与商业型微能网负荷特性与用能主体行为特征有关，负荷波动性较高。不同用能特性的微能网负荷调节能力有所差异，这将对主网运行提供不同程度支撑。如图7－2所示，微能网聚合多种能量模块，与主网构成互联互通关系，提升微能网需求响应能力，有效增强系统整体运行能力及各主体效益，是值得探索的方向。

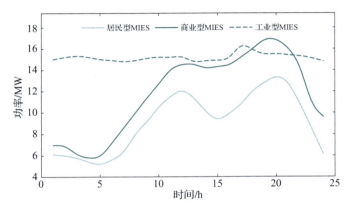

图7－1　各类型微能网典型电负荷曲线图

Typical electrical load profile of each type of micro energy network

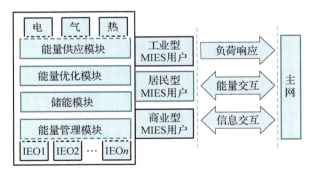

图7－2　微能网与主网协调框架

Framework for coordination of the micro energy network with the main network

（1）居民型微能网。

居民型微能网的特征是各时段用户用能规律易于区分，上班时间处于负荷低谷、下班后处于用能高峰。居民型微能网包含电、热、气等负荷，负荷容量相较其他两种微能网低，一般包括居家照明、取暖，生活热水、家用电器用电及空调制冷等。

居民型微能网一般只含有一种类型的分布式电源，风力发电系统由于工作噪声大、建设条件复杂，对居民生活舒适度造成一定影响，因此并不多在居民型微能网中建设使用，而光伏发电系统不仅能够实现自发自用，而且还允许上网变现，在有效缓解负荷高峰期用电紧张的同时，还能够产生巨大的环境效益，因此常常在居民型微能网中建设投用。由于光伏发电的间歇性，因此引入储能装置形成"光伏＋储能"系统，既能增加微能网层面的可再生能源消纳率，又能提升居民供电灵活性。

（2）商业型微能网。

商业型微能网目前已成为能耗管理领域的重要部分，商业楼宇作为商业型微能网的售能对象，集办公、娱乐、旅游、金融等功能于一身，是分布式能源体系未来落地的关键点，能源管理结构优化潜力巨大。商业型微能网用能特征表现为午间、凌晨为用能低谷期，而上午、下午及晚间为用能高峰，各时段有较为明显的峰谷特点。本书商业型微能网设置电、热两种负荷。

商业型微能网内部设备与居民型微能网相似，通常包含光伏发电系统、储能系统及燃气轮机热电联产机组，这两类微能网的主要区别在于负荷容量大小及用能特征不同。未来商业型微能网将积极实现低碳化、数字化、精准化的发展目标。通过精细化管理和分布式储能技术的应用，提升能源利用效率和经济效益。

（3）工业型微能网。

在工业领域，钢铁、石油、采矿、化工等高耗能行业一直是我国节能工作的重点。这些领域自身组成的工业型微能网存在配电容量大、负荷集中、结构类型繁杂、行业负荷类型迥异、用能社会效益和供能可靠性要求严格、后期增容需求高等用能特征，然而也面临着能源管理水平低、污染排放量大、能源利用效率低等问题，亟需挖掘工业型微能网节能减排空间，减少对环境的污染。工业型微能网负荷多为长期连续性负荷，受季节、气候的影响相对较小，负荷峰谷差小，用能时段相比其他两种微能网更为均匀。针对这些特点，本书探讨的工业型微能网设置电、热两种负荷。

工业型微能网通常建设在偏远郊区，所受风力发电产生的噪声等影响相对较小，因此能源输入包含外购天然气作为主要能源的燃气轮机热电联产机组、外购主网电能，光伏发电系统及风力发电系统等，此外，部分工业型微能网还配置一定容量的燃煤机组，并将柴油发电机作为备用电源，实现了多种能源之间的互济互补。工业型微能网的负荷容量大，相应的分布式能源配置种类多，储能装置的容量配置也较大。工业型微能网未来还需加强对工业蒸汽等余热资源的回收利用，最大限度地减少能源浪费，实现能源梯级利用，提升能量管理水平。

7.1.2　微能网优化调度模型

一、目标函数

微能网作为区域综合能源系统的底层载体，向上级区域综合能源系统通过联络线/管网进行电能与天然气的交易，向下级用户出售电能、热能。微能网的运营商期望通过优化运行以获得更大的利润，故微能网优化运行模型以微能网运营商的日利润最高为目标，即微能网的每日能源销售总额与日运行成本差值最大为目标。微能网的每日的能源销售总额主要来源于向用户售电、售热的收入及向上级区域综合能源系统售电的收益。日运行成本主要包括设备启停与运维费用、向上级区域综合能源系统购能成本以及用户参与需求响应的经济补贴成本。具体的目标函数如下

$$\min(-I_i) = \sum_{t=1}^{N} [c_{\text{sell. e}}(t) + c_{\text{sell. h}}(t) + c_{\text{sub}}(t) - c_{\text{buy. e}}(t) \\ - c_{\text{buy. g}}(t) - c_{\text{sc}}(t) - c_{\text{oc}}(t) - c_{\text{IDR}}(t) - c_{\text{cur}}(t)] \tag{7-1}$$

式中：$c_{\text{sell. e}}(t)$、$c_{\text{sell. h}}(t)$、$c_{\text{sub}}(t)$ 分别为 t 时段微能网售电、售热以及参与主网调度的收入；$c_{\text{buy. e}}(t)$、$c_{\text{buy. g}}(t)$、$c_{\text{sc}}(t)$、$c_{\text{oc}}(t)$、$c_{\text{IDR}}(t)$、$c_{\text{cur}}(t)$ 分别为 t 时段微能网购电、购气、启停、运维、综合需求响应以及弃风、光的费用。

（1）售电收入

$$c_{\text{sell. e}}(t) = c_{\text{sell. e}}^{\text{u}}(t) \cdot P_{\text{sell}}^{\text{u}}(t) \cdot \Delta t + c_{\text{sell. e}}^{\text{d}}(t) \cdot P_{\text{sell}}^{\text{d}}(t) \cdot \Delta t \tag{7-2}$$

式中：$c_{\text{sell. e}}^{\text{u}}(t)$、$c_{\text{sell. e}}^{\text{u}}(t)$ 分别为 t 时段微能网对主网和用户的售电单价；$P_{\text{sell}}^{\text{d}}(t)$、$P_{\text{sell}}^{\text{u}}(t)$ 分别为 t 时段微能网向主网和用户的售电量；Δt 为微能网的调度周期。

（2）售热收入

$$c_{\text{sell. h}}(t) = c_{\text{sell. h}}^{\text{u}}(t) \cdot H_{\text{sell}}(t) \cdot \Delta t \tag{7-3}$$

式中：$c_{\text{sell. h}}^{\text{u}}(t)$ 为 t 时段微能网向用户的售热单价；$H_{\text{sell}}(t)$ 为 t 时段微能网向用户的售热量。

（3）参与主网调度收入

$$c_{\text{sub}}(t) = c_{\text{sub}}^{\text{e}}(t) \cdot P_{\text{sub}}(t) \cdot \Delta t + c_{\text{sub}}^{\text{g}}(t) \cdot G_{\text{sub}}(t) \cdot \Delta t \tag{7-4}$$

式中：$c_{\text{sub}}^{\text{e}}(t)$、$c_{\text{sub}}^{\text{g}}(t)$ 分别为 t 时段微能网参与主网电、气调度的单价；$P_{\text{sub}}(t)$、$G_{\text{sub}}(t)$ 分别为 t 时段微能网用电、用气计划的实际调整量。

（4）微能网向主网的购电费用

$$c_{\text{buy. e}}(t) = c_{\text{buy. e}}^{\text{p}}(t) \cdot P_{\text{buy}}(t) \cdot \Delta t \tag{7-5}$$

式中：$c_{\text{buy. e}}^{\text{p}}(t)$ 为 t 时段微能网的购电单价；$P_{\text{buy}}(t)$ 为 t 时段微能网向主网的购电量。

（5）微能网向主网的购气费用

$$c_{\text{buy. g}}(t) = c_{\text{buy. g}}^{\text{p}}(t) \cdot G_{\text{buy}}(t) \cdot \Delta t \tag{7-6}$$

式中：$c_{\text{buy. g}}^{\text{p}}(t)$ 为 t 时段微能网的购电单价；$G_{\text{buy}}(t)$ 为 t 时段微能网向主网的购气量。

（6）设备启停费用

$$c_{\text{sc}}(t) = c_{\text{sc}}^{\text{on}}(t) + c_{\text{sc}}^{\text{off}}(t) \tag{7-7}$$

$$c_{\text{sc}}^{\text{on}}(t) = \sum_i \max\{0, OS_i(t) - OS_i(t-1)\} c_{\text{on}\_i} \quad i \in \Omega_i \tag{7-8}$$

$$c_{\text{sc}}^{\text{off}}(t) = \sum_i \max\{0, OS_i(t-1) - OS_i(t)\} c_{\text{off}\_i} \quad i \in \Omega_i \tag{7-9}$$

式中：$c_{\text{sc}}^{\text{on}}(t)$、$c_{\text{sc}}^{\text{off}}(t)$ 分别为 t 时段微能网设备的启动费用和停机费用；集合 $OS_i(t)$ 为包括热电联产机组、电锅炉、蓄电池等；$OS_i(t)$ 为设备 i 启停状态的二元变量；当其值为 1 时，设备处于工作状态，当其值为 0 时，设备处于停机状态；c_{on_i} 为设备 i 单次启动费用；c_{off_i} 为设备 i 单次停机费用。

（7）设备运维费用

$$c_{oc}(t) = \sum_j \left[P_j(t) \Delta t \right] c_{oc\_j} \quad j \in \Omega_j \tag{7-10}$$

式中：集合 Ω_j 包括热电联产机组、电锅炉、蓄电池、光伏发电装置和风力发电装置；$P_j(t)$ 为 t 时段设备 j 的电功率；c_{oc_j} 为设备 j 的运维费用单价。

（8）综合需求响应费用

$$c_{IDR}(t) = c_{IDR.e}(t) \cdot \Delta P(t) \cdot \Delta t + c_{IDR.h}(t) \cdot \Delta H(t) \cdot \Delta t \tag{7-11}$$

$$\Delta P(t) = \Delta P_C(t) + \Delta P_{trans}(t) \tag{7-12}$$

$$\Delta H(t) = \Delta H_C(t) + \Delta H_{trans}(t) \tag{7-13}$$

式中：$c_{IDR.e}(t)$、$c_{IDR.h}(t)$ 分为 t 时段电、热需求响应的补贴价格；$\Delta P(t)$、$\Delta H(t)$ 分别为 t 时段电、热负荷的响应量；$\Delta P_{trans}(t)$、$\Delta H_{trans}(t)$ 分别为 t 时段电 - 热负荷的需求响应变化量。

（9）弃风、光的费用

$$c_{cur}(t) = \delta \cdot P_{cur}(t) \tag{7-14}$$

式中：δ、$P_{cur}(t)$ 分别为 t 时段微能网弃风、光惩罚系数和功率。

二、约束条件

（1）电 - 热功率平衡约束。

微能网内部保持电力和热能的动态平衡才能保证其平稳运行，电 - 热功率平衡约束

$$P_{sell}^m(t) + P_{sell}^u(t) + P_{EB}(t) + P_{EES}(t) + P_{cur}(t) = P_{PV}(t) + P_{WT}(t) + P_{CHP}(t) + P_{buy}(t) + \Delta P(t) \tag{7-15}$$

$$H_{CHP}(t) + H_{EB}(t) + H_{HS}(t) = H_{sell}(t) + \Delta H \tag{7-16}$$

式中：$P_{EB}(t)$ 为 t 时段电锅炉电功率；$P_{EES}(t)$ 为 t 时段蓄电池的出力；$P_{PV}(t)$、$P_{WT}(t)$ 分别为 t 时段光伏与风电的出力；$P_{CHP}(t)$、$H_{CHP}(t)$ 分别为 t 时段热电联产的产电量与产热量；$H_{EB}(t)$、$H_{HS}(t)$ 分别为 t 时段电锅炉与储热罐的出热量。

（2）设备出力约束

$$P_{CHP,min} \leqslant P_{CHP}(t) \leqslant P_{CHP,max} \tag{7-17}$$

$$P_{EB,min} \leqslant P_{EB} \leqslant P_{EB,max} \tag{7-18}$$

$$S_{EES,min} \leqslant S_{EES} \leqslant S_{EES,max} \tag{7-19}$$

$$0 \leqslant P_{EES} \leqslant P_{EES,max} \tag{7-20}$$

$$S_{HS,min} \leqslant S_{HS} \leqslant S_{HS,max} \tag{7-21}$$

$$0 \leqslant H_{HS} \leqslant H_{HS,max} \tag{7-22}$$

式中：$P_{CHP,max}$、$P_{CHP,min}$ 分别为 CHP 发电功率的上下限；$P_{EB,max}$ 和 $P_{EB,min}$ 为电锅炉电功率的上下限；$S_{EES,max}$ 和 $S_{EES,min}$ 分别为蓄电池容量的上下限；$S_{HS,max}$ 和 $S_{HS,min}$ 分别为储热罐容量的上下限；$P_{EES,max}$ 和 $H_{HS,max}$ 分别为蓄电池和储热罐的额定功率。

（3）联络管网约束

$$-L_{e,\max} \leqslant L_e \leqslant L_{e,\max} \qquad (7-23)$$

$$-L_{g,\max} \leqslant L_g \leqslant L_{g,\max} \qquad (7-24)$$

式中：$L_{e,\max}$ 和 $L_{g,\max}$ 分别为微能网与主网联络线、管道的容量上限。

7.1.3 主网优化调度模型

以 IEO 运行成本最小为目标建立优化调度模型，其总运行成本主要由发电成本、气源出气成本、弃风成本、向微能网购电成本以及补偿成本构成，则有

$$\min f = \sum_{t \in T} \left[a_i + b_i P_i(t) + c_i P_i^2(t) + \beta_i(t) S_i(t) + c_{\mathrm{cur,w}}(t) + c_{\mathrm{sell.e}}^{\mathrm{u}}(t) P_{\mathrm{sell}}^{\mathrm{u}}(t) + \gamma \Delta P(t) \right]$$

$$(7-25)$$

$$\Delta P(t) = P_{\mathrm{sub}}(t) + G_{\mathrm{sub}}(t) = P_{\mathrm{sell}}^{\mathrm{u}}(t) + P_{\mathrm{trans}}(t) + F(t) \qquad (7-26)$$

式中：$a_i + b_i P_i(t) + c_i P_i^2(t)$ 为系统发电成本；$\beta_i(t) S_i(t)$ 为天然气源的出气成本；$c_{\mathrm{cur,w}}$ 为弃风成本；$\Delta P(t)$ 为对微能网的调度容量；γ 为对微能网的调度单价。

电网运行约束和天然气网运行约束在第三章中已详细阐述。

7.2 含多微能网系统的优化调度策略及求解方法

7.2.1 优化调度策略

多能互补的多微能网作为耦合多种能源网络的底层终端，合理的运行管控模式能充分发挥其积极作用。分布式调度更适用于主网与微能网的协同调度。在分布式调度框架下微能网拥有自主设备调度权，进行自治决策，同时协同上级配电网实现优化管理。分布式调度中各微能网运行优化独立建模，模型相对简单，不需要对全网信息进行采集，保障了信息私密性。通过少量多次的信息传递和迭代计算即可与主网进行信息交互，保障系统运行的经济性与可靠性。另外，分布式调度能够降低主网投资成本和风险，更适合于含管理者运营的多微能网。

在当前大量针对能源价格变化对用户用能行为影响的研究基础上，本章进一步考虑微能网对综合能源运营商调度需求的响应。在多微能网调度框架中，微能网以利益最大为目标优化运行，微能网和主网之间通过多次消息传递最终对调度方案达成共识，所传递的信息如图 7-3 所示。假设各微能网上报 IEO 的最终用能计划的时刻为 t，在 $(t-45)\min$ 前，根据负荷预测，各微能网上报初始的用能计划；$(t-30)\min$ 前 IEO 首次向微能网下发调度需求及经济补贴价格；在 $(t-30)\min$ 到 t 时刻内，IEO 根据微能网响应情况多次调整经济补贴价格，以确定各微能网最终的用能计划。发电与供气计划形成于 $(t+30)\min$，有效的衔接了 IEO 的调度时间流程。

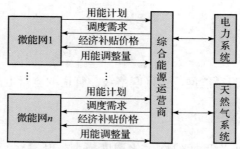

图 7 - 3　多微能网与主网的信息流示意图

Schematic diagram of information flow between multi – micro energy network and main network

　　微能网与 IEO 交互协调的流程为：微能网首先对能源阶梯价格做出响应，并向 IEO 上报初始的用能计划；IEO 对系统整体用能情况做优化调度，如果此时 IEO 运行成本已经最低，则微能网按原计划用能，否则 IEO 将向微能网下发调度需求和经济补贴价格；微能网将以其净利润最大为目标上报用能调整量。当用能调整量大于综合能源运营商下发的需求量时，IEO 下调经济补贴价格，各微能网重新上报用能计划，不断重复该过程，直到上报用能调整量不超过调度需求量，多微能网响应综合能源运营商 IEO 调度的流程如图 7 - 4 所示。

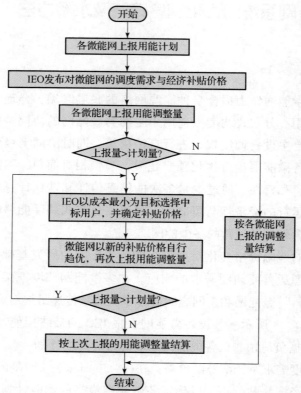

图 7 - 4　多微能网响应综合能源运营商 IEO 调度的流程

Multi – micro energy network responds to the IEO dispatch process

7.2.2 求解方法

（1）各微能网首先依据 IEO 的分时电价做出响应，向主网上报用能计划。

（2）设置 IEO 对微能网初始的调度单价为 $\gamma = \gamma_{max}$。

（3）主网根据 7.1.3 中的优化模型计算对微能网的调度容量，并下发至各微能网。

（4）各微能网根据 IEO 下发的调度需求和单价采用 7.1.2 中的优化模型调整用能计划，并上报供主网的调度容量。

（5）如果各微能网上报的总调度容量大于主网下发调度容量，则令 $\gamma = \gamma_{max} - n \cdot \varepsilon$，其中，$n$ 为迭代次数，ε 为步长，重复步骤3；否则，按微能网上报的调度容量进行调度；

在步骤 1、3、4 中，微能网和 IEO 的运行优化模型均为混合整数线性规划模型，园区层优化模型为线性规划模型，故本节采用 CPLEX 优化软件进行求解。

7.3 算例分析

本节以改进的 IEEE14 节点电力系统和比利时 20 节点天然气系统构成的城市能源互联网进行算例分析。其中，电力系统有 1 个燃气发电厂、1 个风电场、3 个常规火力发电厂，总装机容量 300MW；天然气系统包括 2 个气源点、4 个储气站、20 条燃气管道；并在该系统中接入 3 个微能网。微能网中包括风光发电、热电联供系统、储能设备以及电热负荷，并与 IEO 进行实时电力交易，统一能源价格与分时能源价格如图 7-5 所示；微能网用户用电初始价格为 0.5 元/(kW·h)，用热价格为 0.2 元/(kW·h)，用户电、热负荷参与需求响应的补贴价格分别为 0.3 元/(kW·h)、0.17 元/(kW·h)；主网对微能网调度的初始价格为 300 元/(MW·h)；弃风惩罚和切负荷惩罚分别为 300 元/(MW·h)、1000 元/(MW·h)。比利时 20 节点天然气系统气源点及微能网等数据如表 7-1～表 7-4 所示。

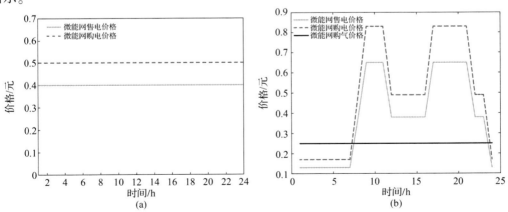

图 7-5 微能网与 IEO 电能交易

Micro - energy network and IEO electricity trading method

（a）统一电能交易价格；（b）分时电能交易价格

表 7 – 1 气源点数据
Data of NGS Gas source

编号	所在节点	出力最大值/m³	出力最小值/m³	编号	所在节点	出力最大值/m³	出力最小值/m³
S1	1	17. 39	8. 87	S4	8	33. 02	20. 34
S2	2	12. 6	0	S5	13	1. 8	0
S3	5	7. 2	0	S6	14	1. 44	0

表 7 – 2 耦合设备和微能网在系统接入位置
Coupling equipment and micro – energy network in the system access position

项目	电力系统节点	天然气系统节点
燃气发电机组 1	3	1
燃气发电机组 2	8	3
居民型微能网	4	6
商业型微能网	9	7
工业型微能网	14	19

表 7 – 3 各微能网设备容量
Equipment capacity of each micro – energy network

设备名称	微能网设备容量			启停费用/ (元/次)	运维费用/ [元/(MW·h)]
	居民型	商业型	工业型		
热电联产机组/MW	10	20	20	376	99
电锅炉/MW	10	0	10	237	89
光伏/MW	12	20	0	—	13. 3
风电/MW	8	0	25	—	14. 5
电池储能/(MW·h)	10	0	10	226	64. 1
储热装置/(MW·h)	10	20	0	201	60. 1

表 7 – 4 微能网典型设备参数
Typical equipment parameters of Micro Energy Network

设备	参数	值	设备	参数	值
热电联产机组	电效率	30%	储热罐	储热效率	90%
	热电比	1.5		放热效率	90%
	天然气单价	2.5 元/m³		初始状态	50%

续表

设备	参数	值	设备	参数	值
蓄电池	天然气热值	9.7kW·h/m³	电锅炉	效率	95%
	最大充电功率	2MW			
	最大放电功率	2.5MW			

7.3.1 分时电价对调度结果的影响

为验证分时电价对微能网与主网调度结果的影响设置以下 2 个场景。

场景 1：电能交易采用统一价格。

场景 2：电能交易采用分时价格。

由图 7 - 6 可知，各类型微能网对分时电价均做出了响应，与场景 1 相比，各微能网主要在 0：00 ~ 7：00 增加了从主网的购电量，这是由于该时段的上网电价与购电价格均比较低，各微能网可以通过内部储能设备将电能进行储能，然后在电价比较高的时段释放电能，以此增加微能网的内部收益。对于主网来讲，该时段为负荷低谷，风力发电的高峰期，如果不通过分时电价对各微能网用能行为进行引导，将会增大主网的弃风量，导致主网的运行成本增加。如图 7 - 6（d）所示，当主网采用分时电价时，主网弃风量有所降低。对比图 7 - 6 中的（a）、（b）、（c）可知，居民型微能网对分时电价的响应最为明显，这是由于居民型负荷峰谷差比较大。另外，本节设置的居民型微能网相比其他类型的微能网储能种类比较多，居民型微能网用能方式更为灵活。工业型负荷峰谷差较小，各时段负荷相对平稳，所以工业型微能网对分时电价的响应较差。综上可知，增加微能网的储能种类可增强微能网用能的灵活性，提高微能网对分时电价的响应能力。

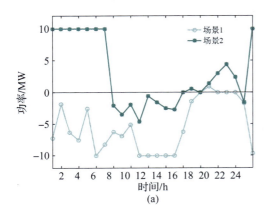

(a)

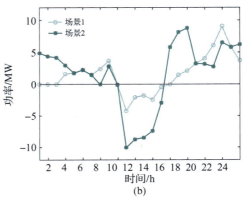

(b)

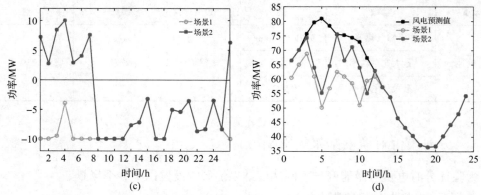

图 7 - 6 分时电价下各微能网与 IEO 电能交互情况及 IEO 风电消纳情况

The interaction between each micro – energy grid and IEO and IEO wind

power consumption under time – of – use electricity prices

（a）居民型微能网与 IEO；（b）商业型微能网与 IEO；

（c）工业型微能网与 IEO；（d）IEO 风电消纳情况

由表 7 - 5 可知，场景 2 与场景 1 相比，居民型微能网收益增加了 2785 元，商业型微能网收益增加了 5875 元，工业型微能网收益增加了 26352 元，主网运行成本降低了 31991 元，弃风率降低了 5.22%，证明 IEO 通过分时电价引导微能网改变用能方式，充分挖掘了微能网对电价的响应潜力，不仅降低了主网运行成本，而且增加了各微能网的收益，实现了主网与各微能网的多赢。

表 7 - 5 不同电能交易方式下的优化结果

Optimization results under different energy trading methods

场景	微能网净利润/元			主网运行成本/元	弃风率
	居民型	商业型	工业型		
1	18320	35684	93428	826251	11.61%
2	21105	41559	119780	794260	6.39%

本节以居民型微能网为例，分析居民型微能网在场景 2 下对 IEO 分时电价的响应能力。由图 7 - 7 可知，在 0：00 ~ 6：00 时段，电热负荷均处于低谷时段，而且此时微能网向主网购电价格也比较低，故微能网优先向主网购电，电储能充电，并采用蓄热罐和电锅炉满足供热需求，打破了燃气轮机以热定电的模式。9：00 ~ 11：00 时段和 17：00 ~ 21：00 时段，电热负荷均处于高峰时段，由于该时段微能网向 IEO 售电的电价较高，出于盈利的角度出发，微能网中的热电联产机组处于满发状态，电储能和储热罐处于放能状态。

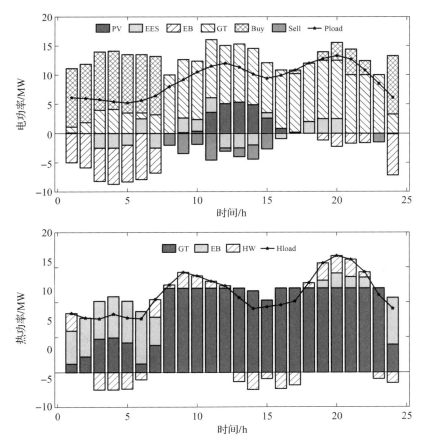

图7-7 居民型微能网在场景2中设备电热功率优化结果

Residential micro – energy network equipment electric heating power optimization results in scenario2

7.3.2 优化调度结果分析

7.3.1节场景2中证明了分时电价对各微能网的引导作用，本节在7.3.1节的基础上，分析微能网综合需求响应和参与系统优化调度的影响，并设置以下3个场景。

场景1：微能网不参与系统优化调度。

场景2：微能网参与系统优化调度但无需求响应。

场景3：计及综合需求响应的微能网参与系统优化调度。

由图7-8可知，通过IEO分时电价的引导以及与各微能网交互，IEO的负荷经过优化调度后更为平滑。0：00～7：00时段是风电出力的高峰时段，也是负荷的低谷时段，该时段IEO的售电价格和微能网余电上网的价格均为最低，此时，微能网通过调整用能方式，增加对主网电能的购买量，以此提升微能网运营的利润空间。由于9：00～11：00时段IEO的售电价格和微能网余电上网的价格均较高，此时，各微能网通过增加余电上网以获得更大的利润。在场景 1 和场景 2 的 17：00～21：00 时段，由于居民型微能网和商业型微能网的能源转化能力和负荷调整能力有限，此时，需要通过购买 IEO 的电能来维持微能网内部功率平衡，而场景 3 中考虑了微能网的综合需求响应，负荷调整能力较强，故在该时段各微能网不购买 IEO 的电能。由表 7 - 6 可知，场景 2 与场景 1 相比增加了微能网与主网的互动机制，各微能网的净利润分别增加 545元、1036 元、1502 元，IEO 的运行成本降低 14630 元，弃风率降低 2.09%，IEO 峰谷差降低 1.5MW，实现了主网与各微能网的多赢。场景 3 与场景 2 相比考虑了微能网内部的综合需求响应，各微能网的净利润分别增加 5235 元、13395 元、10067 元，IEO 运行成本降低 38780 元，弃风率降低 1.5%，IEO 峰谷差降低 8.88MW。这是由于综合需求响应进一步提升了各微能网的调节能力，更进一步提升了与主网的交互能力。在场景 2 和场景 3 中工业型微能网相比于其余两个微能网净利润提升效果更为明显，这是由于工业型微能网中的能源转换设备种类多且容量大，负荷体量大，调节能力优于其他微能网，更容易与主网进行能源交互。

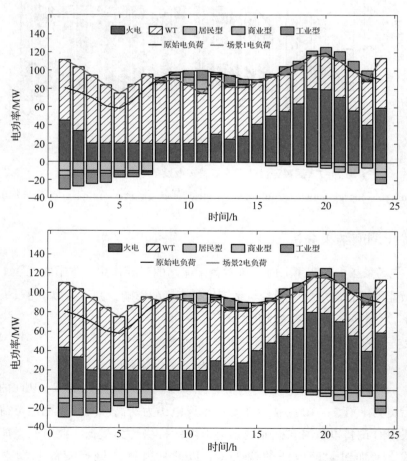

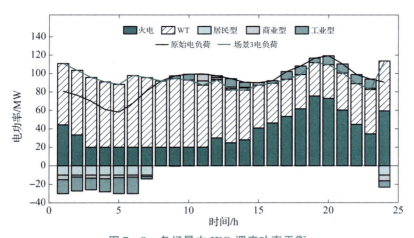

图7－8　各场景中IEO调度功率平衡

IEO scheduling power balance in each scenario

表7－6　　　　　　　　　　　　不同场景下优化方案结果对比

Comparison of optimization scheme results in different scenarios

场景	微能网净利润/元			IEO 运行成本/元	弃风率/%	IEO 峰谷差/MW
	居民型	商业型	工业型			
1	21105	41559	119780	794260	6.39	41.54
2	21650	42595	135800	779630	4.30	40.02
3	26885	55990	145867	740850	1.80	31.14

　　以上分析可知，考虑综合需求响应的多微能网与IEO之间进行协调优化改善了主网运行的经济性，减少了弃风率和峰谷差，同时也提高了各微能网的净利润，实现了多赢，此外验证了微能网所含的能源转换设备种类越多，负荷体量越大，就越容易与主网进行能源交互。因此，可以认为在含多微能网的综合能源系统中，考虑微能网的综合需求响应和与IEO交互协调机制具有一定的必要性和合理性。

7.3.3　电力系统与天然气系统互济能力分析

　　为验证微能网对电力系统与天然气系统互济能力的提升作用，本节分别将主网峰时段的电负荷（即17：00～22：00）和峰时段的天然气负荷（即19：00～22：00）提升为原有负荷的1.1倍，并采用电负荷削减量和气负荷削减量作为电力系统与天然气系统互济能力的衡量指标。

　　由图7－9可知，当主网天然气充足电能不足时，场景1中由于微能网不服从主网调度，只依据自身需求上报用能情况，此时，主网中的天然气系统只能通过燃气轮机发电来援助主网中的电力系统，由于燃气轮机装机容量的限制，仍会出现电负荷削减现象。场景2中各微能网参与主网的调度，可以通过改变微能网内部设备的工作状态减少从主网购电或增加对主网的售电量，实质上是主网中的天然气系统通过各微能网间接援助了主网中的电力系统。因此，场景2中的电负荷削减量比场景1中的少2.8MW。场景3中的各微能网考虑了综合需求响应，各微能网的调节能力强于场景1和场景2，故场景3中的电负荷削减量比场景1少4.9MW。上述3个场景中17：00～19：00与20：00～22：00相比电负荷削减较少，这是由于17：00～19：00为电负荷的高峰时段，气负荷的平时段，天然气系统中的天然气充足，对电力系统的互济能力比较强。而20：00～22：00，电负荷和气负荷均达到了峰值，天然气系统中天然气余量不足，对电力系统的互济能力逐渐减弱。在20：00～22：00，由于电负荷与气负荷逐渐降低，电能的削减量也随着逐渐减小。

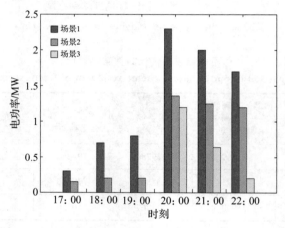

图7-9 电负荷削减情况

Electric load reduction

由图7-10可知，当主网电能充足天然气不足时，场景1中由于微能网不服从主网调度，只依据自身需求上报用能情况，此时，主网中的电力系统只能通过减少燃气轮机的出力间接援助主网中的天然气系统，由于P2G转化效率较低，运行成本大，一般只作为风电消纳的途径，对天然气系统互济作用较小，所以场景1中气负荷的削减量较大。场景2中各微能网参与主网的调度，由于微能网具有能源转化能力，可以通过改变微能网内部设备的工作状态减少对天然气的用量，增大从主网的购电量，实质上为主网中的电力系统通过微能网援助了天然气系统，因此，场景2中的气负荷削减量比场景1中的少2.96MW。场景3中的各微能网考虑了综合需求响应，各微能网的调节能力强于场景1和场景2，故场景3中的气负荷削减量比场景2中的少3.57MW。上述3个场景中随着时间的推移，气负荷削减量先增大后减小，这是由于天然气负荷曲线在该时段先增大后减小且21：00为天然气负荷的峰值。

综上所述，通过鼓励各微能网参与系统调度，可以充分发挥微能网的调节性能，缓解因主网耦合设备容量不足而导致电力系统与天然气系统互济能力不足的问题，减少了负荷削减，使得各微能网与主网实现互利共赢。

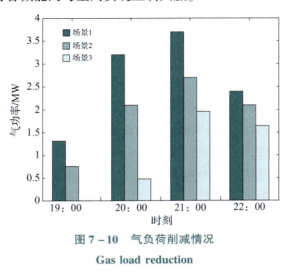

图 7 - 10　气负荷削减情况

Gas load reduction

7.3.4　微能网对主网风电消纳的作用

由图 7 - 11 三种场景下风电预测值与实际值曲线可知，场景 1 中系统风电消纳能力较差，由于场景 1 中，各微能网不参与 IEO 的优化调度，只根据自身的用能情况和设备工作状态确定用能计划，其负荷调整能力较弱。场景 2 中的微能网为进一步增加净利润，通过多次与 IEO 交互，调整设备工作状态来积极参与 IEO 调度，故场景 2 中 IEO 的风电实际值比场景 1 的大；场景 3 中考虑了微能网内部的综合需求响应，使得微能网调整用能计划的能力进一步增强，所以以场景 3 中的风电实际值最大，系统风电消纳能力最强。

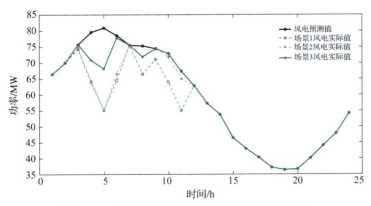

图 7 - 11　三种场景下风电出力预测值与实际值

Forecast and actual value of wind power output in three scenarios

7.4 需求侧碳交易机制

由于电能的同质性，很难区分负荷所消耗电能来源，故目前涉及多区域电能交互时，均由电能生产单元区域承担碳排放责任，导致碳价对用户侧的激励作用相对有限。若可以将碳排放责任引导至用户侧，则可以激励用户调整自身用能行为，更多地使用低碳能源。由此，本节在现有碳交易政策的基础上，变"谁生产谁付费"为"谁使用谁付费"，将碳排成本计入电能使用侧，以实现社会减排成本最小化。

主网中碳排放包括主网中传统机组发电和从微网购进电力的相关碳排量；各微能网中碳排放源包括 CHP 机组发电排放和从主网外购电力的相关碳排量；为尽可能实现微能网能源就地消纳，减少对主网的影响，主网和各微能网的交互电量均按照各网络内单位碳排最大的机组碳排量进行计算，以激励各子网络尽可能就地消纳新能源，充分发挥微能网的作用。

（1）需求侧碳交易机制碳排放计算模型。

假设微能网与主网同一时刻电量单向交互，微能网和主网的碳排量计算为

$$E_{1,a}^z = \sum_{t=1}^{T} \left\{ \sum_{i=1}^{n} \left[a_1 + b_1 P_i(t) + c_1 P_i^2(t) \right] + a_2 + b_2 P_{sell}^m(t) + c_2 P_{sell}^m{}^2(t) \right\} \quad (7-27)$$

$$E_{1,a}^w = \sum_{t=1}^{T} \left[a_2 + b_2 P_{CHP,a}(t) + c_2 P_{CHP,a}^2(t) + a_1 + b_1 P_{buy}^m(t) + c_1 P_{buy}^m{}^2(t) \right] \quad (7-28)$$

$$P_{CHP,a}(t) = P_{CHP}(t) + \varphi H_{CHP}(t) \quad (7-29)$$

式中：$E_{1,a}^z$ 和 $E_{1,a}^w$ 分别为需求侧碳交易机制下主网和微能网的碳排放量；a_1、b_1、c_1 和 a_2、b_2、c_2 分别为传统机组和 CHP 机组的碳排放计算参数；$P_i(t)$ 和 $P_{CHP,a}(t)$ 分别为 t 时段主网中传统机组 i 电功率和微能网内 CHP 机组等效电功率；$P_{sell}^m(t)$ 和 $P_{buy}^m(t)$ 分别为主网从微能网外购电力和微能网从主网外购电力；φ 为供热量折算为发电量的折算系数；$P_{CHP}(t)$ 为 t 时段 CHP 发电量；$H_{CHP}(t)$ 为 t 时段 CHP 机组余热锅炉供热量。

（2）碳排放权初始配额模型。

目前国内电力行业一般采用无偿方式进行初始配额分配，根据 2019—2020 年全国碳排放权交易配额总量设定与分配实施方案（发电行业），对于含多微能网的综合能源系统，其初始配额模型为

$$E_0^z = \chi_e \chi_1 \chi_r \chi_f \sum_{t=1}^{T} \sum_{i=1}^{n} P_i(t) \quad (7-30)$$

$$E_0^w = \chi_e \sum_{t=1}^{T} P_{CHP,a}(t) \quad (7-31)$$

式中：E_0^z 为主网碳排放配额；E_0^w 为微能网初始配额；χ_e 为产生单位电功率的碳排放配额；χ_1、χ_r、χ_f 分别为机组冷却方式修正系数、机组供热量修正系数和机组负荷系数修正系数。

（3）基于多决策主体交互协调机制的协同调度框架。

各微能网通过综合能源服务商进行与主网的能量交互和碳交易，实现能源的就地/跨区调度，形成"多微能网＋综合能源服务商＋主网"系统的多决策主体交互协调机制。

基于多决策主体交互协调机制，采用分布式协同调度方法，各层级之间相互协调共同合作，由各IEO发挥协调管理能力，帮助微能网层各个主体充分发挥其自主性，通过自主决策实现利益需求。微能网只需公开对应公共边界信息，实现通过少量信息传递与主网达到信息交互的目的，保护各微能网隐私，同时与主网交互实现能量的优化管理，充分保障综合能源系统的安全性。

本节以主网成本最小化为目标，兼顾各微能网利益最大化，实现整体社会效益最大。多决策主体交互信息流如图7－12所示，通过各IEO进行各时段用能计划、碳配额买卖计划的信息传递和交易，实现多主体协同决策目标，使得多主体在效率和利益方面实现共赢。

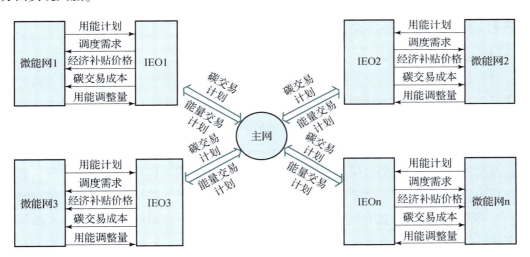

图 7－12　多决策主体交互信息流示意图

Schematic diagram of the interactive information flow of multiple decision – making subjects

微能网与主网间通过多次信息交互调整计划并确定方案，信息传递时间线如图7－13所示。假设各微能网经过多次信息交互后确定最终计划的时刻为 t，在 $(t-60)$min 以前，根据历史同期碳排放量，上报配额买卖计划，确定初始碳价；在 $(t-60)$min 到 $(t-45)$min 时刻内，IEO 将各自微能网配额买卖计划传递到碳交易市场，市场根据配额供需情况确定碳价；在 $(t-45)$min 前，各微能网根据自身负荷曲线向综合能源服务商上报初始的用能计划；$(t-30)$min 前综合能源服务商首次向微能网下发调度需求、经济补贴价格以及配额交易成本；在 $(t-30)$min 到 t 时刻内，综合能源服务商通过调整调度补贴价格完成与各微能网间的利益调节，结合配额交易成本以确定各微能网最终用能计划，确定调度方案。在 $(t+30)\min$ 时刻形成最终主网供能计划。

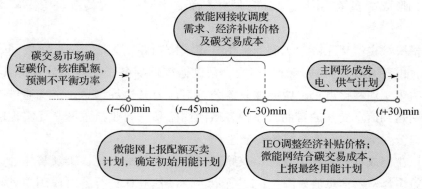

图 7 – 13　信息传递时间线

Messaging time line

7.4.1　基于目标级联技术的分层求解算法

（1）目标级联法理论。

目标级联法（analytical target cascading，ATC）最初是由密执安大学科研人员针对汽车、飞机等工业设计领域提出的一种采用并行思想解决多主体问题的设计方法。其设计思路是将待优化目标进行分流分层，即按需将一个待优化问题分为多个子系统，再将子系统分流成多个组成元件问题。各个主体独立优化求解，将最优结果逐层向上传递直至顶层，顶层根据各层及各层间耦合变量获得的响应值优化子系统目标，再将优化后的响应值传递至各个子系统，并不断进行交叠优化，系统层间耦合变量需满足一致性约束。优化目标数学模型通过引入包含二次函数、拉格朗日函数等形式的惩罚项来使设计优化耦合变量不断靠近直至满足该一致性约束，惩罚项中的惩罚乘子在迭代过程中可采取对角二次逼近、截断对焦二次逼近等方式更新。

在含多微能网的综合能源系统中，主网与多微能网分属不同的利益主体，具有各自优化目标；同时主网与各微能网通过层间交互功率进行耦合运行。这种优化问题与层间结构与 ATC 基本思想一致，因此采用 ATC 解决该系统分布式协同调度问题。

（2）基于目标级联法的分布式优化模型。

目标级联技术将整体最优目标分解为各子区域模型优化，层间耦合变量需满足一致性约束，其中 $\boldsymbol{P}_{t,e}^{\mathrm{DW_m}}=\left[P_{\mathrm{buy}}^{\mathrm{z}}(t),P_{\mathrm{sell}}^{\mathrm{z}}(t)\right]^{\mathrm{T}}$，$\boldsymbol{P}_{t,e}^{\mathrm{W_mD}}=\left[P_{\mathrm{sell}}^{\mathrm{m}}(t),P_{\mathrm{buy}}^{\mathrm{m}}(t)\right]^{\mathrm{T}}$，关系如下

$$P_{t,e}^{\mathrm{DW_m}}=P_{t,e}^{\mathrm{W_mD}} \tag{7-32}$$

主网与微能网之间的耦合变量为 t 时段交互电功率，分别记为 $P_{t,e}^{\mathrm{DW_m}}$ 和 $P_{t,e}^{\mathrm{W_mD}}$。

根据上述方法，将优化调度模型修改为分层优化模型。

主网层目标函数修改为

$$\min c + \sum_{t=1}^{T}\left\{\alpha_{t,e}^{k}\left(P_{t,e}^{\mathrm{DW_m},k,*} - P_{t,e}^{\mathrm{DW_m},k}\right) + \left[\beta_{t,e}^{k}\left(P_{t,e}^{\mathrm{DW_m},k,*} - P_{t,e}^{\mathrm{DW_m},k}\right)\right]^{2}\right\} \qquad (7-33)$$

式中：$P_{t,e}^{\mathrm{DW_m},k,*}$ 为下一次迭代时，主网优化后传递给微能网的耦合变量参考值；$P_{t,e}^{\mathrm{DW_m},k}$ 为本次迭代结束时微能网的交互功率值，由微能网层优化后上传至主网。

微能网层目标函数修改为

$$\min(-G_i) + \sum_{t=1}^{T}\left\{\alpha_{t,e}^{k}\left(P_{t,e}^{\mathrm{W_mD},k-1,*} - P_{t,e}^{\mathrm{W_mD},k}\right) + \left[\beta_{t,e}^{k}\left(P_{t,e}^{\mathrm{W_mD},k-1,*} - P_{t,e}^{\mathrm{W_mD},k}\right)\right]^{2}\right\} \qquad (7-34)$$

式中：$\alpha_{t,e}^{k}$ 为一次惩罚因子；$\beta_{t,e}^{k}$ 为二次惩罚因子；$P_{t,e}^{\mathrm{W_mD},k-1,*}$ 为本次迭代前，主网优化后传至微网层的交互功率参考值。

7.4.2　求解流程

基于目标级联法的含多微能网综合能源系统系统分层求解算法流程具体步骤如下

（1）初始化。各微能网与主网的相关参数、微能网用能计划、主网对微能网初始调度单价 $\gamma = \gamma_{\max}$，选择耦合变量参考值 $P_{t,e}^{\mathrm{W_mD},0,*}$ 初值，设置迭代次数 $k=1$、相关系数 λ、惩罚因子 $\alpha_{t,e}^{k}$、$\beta_{t,e}^{k}$ 初值。

（2）主网优化。如果 $k=1$，主网求解以式（7-25）为目标函数的优化问题，否则以步骤（3）微能网传递的耦合变量为参数，求解式（7-33）的优化调度问题，将得到的耦合变量参考值，即主网与微能网交互功率参考值传递至各微能网。

（3）各微能网以上一次迭代从主网返回的耦合变量参考值为参数，分别进行优化调度，调整用能计划，向主网传递决策后的耦合变量值。

（4）在所有区域中，判断收敛性条件如式（7-35），如果所有微能网在任意时刻均满足收敛条件，则迭代结束，得到最优结果，否则转步骤（5）

$$\left|P_{t,e}^{\mathrm{W_mD},k,*} - P_{t,e}^{\mathrm{W_mD},k}\right| \leq \varepsilon_1 \qquad (7-35)$$

（5）令 $\gamma = \gamma_{\max} - k\delta$，其中，$\delta$ 为步长，设置迭代次数 $k=k+1$，用式（7-36）、式（7-37）来更新惩罚因子，转步骤（2）

$$\alpha_{t,e}^{k+1} = \alpha_{t,e}^{k} + 2\,(\beta_{t,e}^{k})^{2}\,(P_{t,e}^{\mathrm{W_mD},k,*} - P_{t,e}^{\mathrm{W_mD},k}) \qquad (7-36)$$

$$\beta_{t,e}^{k+1} = \lambda\beta_{t,e}^{k} \qquad (7-37)$$

所有模型中只有微能网与主网实际碳排量为二次函数，故对其分别进行分段线性化处理后，本节优化模型为混合整数线性规划模型，在 Matlab 环境中，采用 Gurobi 优化软件对模型进行求解，求解流程如图7-14所示。

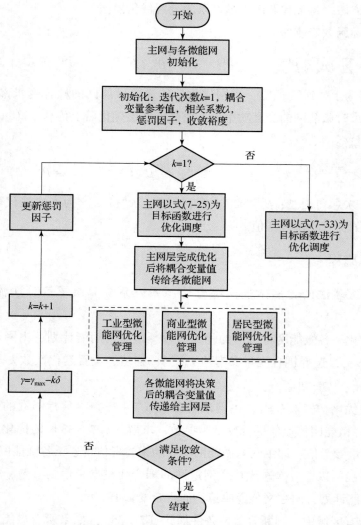

图 7－14　系统分层优化调度流程

System hierarchy optimizes the scheduling process

7.4.3　目标函数

以各微能网利益最大为优化目标，即 t 时刻微能网售电 $f_{\text{sell,e}}(t)$、售热 $f_{\text{sell,h}}(t)$ 和参与主网调节的补贴收入 $f_{\text{sub}}(t)$ 之和，与 t 时刻微能网碳交易 $f_{\text{CET}}(t)$、微能网购电 $f_{\text{buy,e}}(t)$、微能网购气 $f_{\text{buy,g}}(t)$、启停 $f_{\text{sc}}(t)$、运维 $f_{\text{oc}}(t)$、综合需求响应费用 $f_{\text{IDR}}(t)$ 以及弃能 $f_{\text{cur}}(t)$ 成本之差最大化，即目标函数为

$$\min(-G_i) = \sum_{t=1}^{T}\big[f_{\text{sell,e}}(t) + f_{\text{sell,h}}(t) + f_{\text{sub}}(t) - f_{\text{CET}}(t) - f_{\text{buy,e}}(t) - f_{\text{buy,g}}(t) - f_{\text{sc}}(t) - f_{\text{oc}}(t) - f_{\text{IDR}}(t) - f_{\text{cur}}(t)\big] \quad (7-38)$$

其中

$$f_{\text{sell},e}(t) = \left[f_{\text{sell}}^{z}(t)P_{\text{sell}}^{m}(t) + f_{\text{sell},e}^{u}(t)P_{\text{sell}}^{u}(t)\right]\Delta t \qquad (7-39)$$

$$f_{\text{sell},h}(t) = f_{\text{sell},h}^{u}(t)H_{\text{sell}}(t)\Delta t \qquad (7-40)$$

$$f_{\text{sub}}(t) = f_{\text{sub},e}(t)P_{\text{sub},e}(t)\Delta t \qquad (7-41)$$

$$f_{\text{CET}} = \pi_{b}\Delta E_{b} - \pi_{s}\Delta E_{s} \qquad (7-42)$$

$$\begin{cases} \Delta E_{b} = E_{1,a}^{w} - E_{0} & E_{0} \leqslant E_{0,a} \\ \Delta E_{s} = E_{0} - E_{1,a}^{w} & E_{0} > E_{0,a} \end{cases} \qquad (7-43)$$

$$f_{\text{buy},e}(t) = f_{\text{buy},e}^{m}(t)P_{\text{buy}}^{m}(t)\Delta t \qquad (7-44)$$

$$f_{\text{buy},g}(t) = f_{\text{buy},g}^{m}(t)G_{\text{buy}}(t)\Delta t \qquad (7-45)$$

$$f_{\text{sc}}(t) = f_{\text{sc,on}}(t) + f_{\text{sc,off}}(t) \qquad (7-46)$$

$$f_{\text{oc}}(t) = \sum_{j}\left[P_{j}(t)\Delta t\right]f_{\text{oc}}^{j} \quad j \in \Omega_{j} \qquad (7-47)$$

$$f_{\text{IDR}}(t) = \left[f_{\text{IDR},e}(t)\Delta P(t) + f_{\text{IDR},h}(t)\Delta H(t)\right]\Delta t \qquad (7-48)$$

$$f_{\text{cur}}(t) = \delta P_{\text{cur}}(t) \qquad (7-49)$$

$$P_{\text{cur}}(t) = P_{i,\text{WT}}^{s}(t) - P_{i,\text{WT}}(t) + P_{i,\text{PV}}^{s}(t) - P_{i,\text{PV}}(t) \qquad (7-50)$$

式中：$f_{\text{sell},e}^{u}(t)$ 和 $f_{\text{sell},h}^{u}(t)$ 分别为微能网向用户的售电单价和售热单价；$P_{\text{sell}}^{m}(t)$、$P_{\text{sell}}^{u}(t)$ 分别为 t 时刻微能网向主网和用户的售电量；$H_{\text{sell}}(t)$ 为 t 时刻微能网对用户售热量；$f_{\text{sub},e}(t)$ 为 t 时刻微能网参与主网电调度单价；π_{b}、π_{s} 分别为 t 时刻购、售碳配额单价；ΔE_{b}、ΔE_{s} 分别为 t 时刻配额购售量；$E_{0,a}$、E_{0} 分别为实际碳排放量和初始配额；$f_{\text{buy},e}^{m}(t)$、$f_{\text{buy},g}^{m}(t)$ 分别为微能网向主网购电、购气单价；$P_{\text{buy}}^{m}(t)$、$G_{\text{buy}}(t)$ 分别为 t 时刻微能网向主网购电量、购气量；$f_{\text{sc,on}}(t)$、$f_{\text{sc,off}}(t)$ 分别为 t 时刻微能网内部设备的启停费用；集合 Ω_{j} 包括 CHP 机组、光伏发电机组和风力发电机组和电锅炉；$f_{\text{IDR},e}(t)$、$f_{\text{IDR},h}(t)$ 分别为 t 时刻电、热需求响应的补贴价格；$\Delta P(t)$、$\Delta H(t)$ 分别为 t 时刻电、热负荷的需求响应值；δ、$P_{\text{cur}}(t)$ 分别为 t 时刻微能网弃能惩罚因子和功率；$P_{i,\text{WT}}^{s}(t)$、$P_{i,\text{PV}}^{s}(t)$ 分别为微能网中风光在 t 时刻发出功率；$P_{i,\text{WT}}(t)$、$P_{i,\text{PV}}(t)$ 分别为优化调度过程中风光接入微能网的实际功率。

7.4.4 约束条件

在一个调度周期内，微能网在每个时刻供能、用能功率的平衡如式（7-51）、式（7-52）所示；CHP 机组等设备运行约束如式（7-53）、式（7-54）所示；综合需求响应约束如式（6-17）、式（6-18）；联络管网约束如式（7-62）；碳交易相关约束如式（7-63）、式（7-64）所示。

（1）电/热功率平衡约束

$$P_{\text{sell}}^{m}(t) + P_{\text{sell}}^{u}(t) + P_{\text{EB}}(t) + P_{\text{EES}}(t) + P_{\text{cur}}(t) = P_{\text{PV}}(t) + P_{\text{WT}}(t) + P_{\text{CHP}}(t) + P_{\text{buy}}^{m}(t) + \Delta P(t)$$
$$(7-51)$$

$$H_{\mathrm{CHP}}(t) + H_{\mathrm{EB}}(t) + H_{\mathrm{HS}}(t) = H_{\mathrm{sell}}(t) + \Delta H(t) \qquad (7-52)$$

式中：$P_{\mathrm{EB}}(t)$、$P_{\mathrm{EES}}(t)$、$P_{\mathrm{cur}}(t)$、$P_{\mathrm{PV}}(t)$、$P_{\mathrm{WT}}(t)$、$P_{\mathrm{buy}}^{\mathrm{m}}(t)$、$\Delta P(t)$ 分别为 t 时刻电锅炉电功率、蓄电池出力、弃置功率、光伏出力、风电出力、微能网购电量、需求响应电量；$H_{\mathrm{EB}}(t)$、$H_{\mathrm{HS}}(t)$、$H_{\mathrm{sell}}(t)$、$\Delta H(t)$ 分别为 t 时刻电锅炉热功率、储热罐热功率、微能网售热量、需求响应热量。

（2）CHP 机组运行约束

$$H_{\mathrm{CHP}}(t) = \alpha P_{\mathrm{CHP}}(t) \qquad (7-53)$$

$$G_{\mathrm{CHP}}(t) = \frac{1}{Q_{\mathrm{LHV}}} \frac{P_{\mathrm{CHP}}(t)}{\eta_{\mathrm{CHP}}(t)} \Delta t \qquad (7-54)$$

$$P_{\mathrm{CHP,min}} \leqslant P_{\mathrm{CHP}}(t) \leqslant P_{\mathrm{CHP,max}} \qquad (7-55)$$

式中：$G_{\mathrm{CHP}}(t)$ 为 t 时刻 CHP 天然气的消耗量；Q_{LHV} 为天然气热值；$P_{\mathrm{CHP,max}}$、$P_{\mathrm{CHP,min}}$ 为 CHP 发电功率的上下限；α 和 η_{CHP} 分别为热电比和发电机效率。

（3）电锅炉运行约束

$$H_{\mathrm{EB}}(t) = \eta_{\mathrm{EB}} P_{\mathrm{EB}}(t) \qquad (7-56)$$

$$P_{\mathrm{EB,min}} \leqslant P_{\mathrm{EB}} \leqslant P_{\mathrm{EB,max}} \qquad (7-57)$$

式中：$P_{\mathrm{EB}}(t)$ 和 $H_{\mathrm{EB}}(t)$ 分别为 t 时刻电锅炉的电功率和制热功率；$P_{\mathrm{EB,max}}$ 和 $P_{\mathrm{EB,min}}$ 为电锅炉电功率的上下限。

（4）储能设备运行约束。微能网中的储电和储热设备应该满足容量和功率约束

$$S_{\mathrm{EES,min}} \leqslant S_{\mathrm{EES}} \leqslant S_{\mathrm{EES,max}} \qquad (7-58)$$

$$S_{\mathrm{HS,min}} \leqslant S_{\mathrm{HS}} \leqslant S_{\mathrm{HS,max}} \qquad (7-59)$$

$$0 \leqslant P_{\mathrm{EES}} \leqslant P_{\mathrm{EES,max}} \qquad (7-60)$$

$$0 \leqslant H_{\mathrm{HS}} \leqslant H_{\mathrm{HS,max}} \qquad (7-61)$$

式中：$S_{\mathrm{EES,max}}$ 和 $S_{\mathrm{EES,min}}$ 分别为蓄电池容量的上下限；$S_{\mathrm{HS,max}}$ 和 $S_{\mathrm{HS,min}}$ 分别为储热罐容量的上下限；$P_{\mathrm{EES,max}}$ 和 $H_{\mathrm{HS,max}}$ 分别为蓄电池和储热罐额定功率。

（5）综合需求响应约束。综合需求响应约束与 6.1.2 小节中式（6-17）、式（6-18）一致。

（6）联络管网约束。联络管网容量约束为微能网与主网交互传输容量限制，则有

$$\begin{cases} -L_{e,\max} \leqslant L_e \leqslant L_{e,\max} & e \in S_{\mathrm{m}}^{\mathrm{DW,e}} \\ -L_{g,\max} \leqslant L_g \leqslant L_{g,\max} & g \in S_{\mathrm{m}}^{\mathrm{TW,g}} \end{cases} \qquad (7-62)$$

式中：$S_{\mathrm{m}}^{\mathrm{DW,e}}$ 为电网连接到微能网的管道集合；$S_{\mathrm{m}}^{\mathrm{TW,g}}$ 为天然气网络连接到微能网的管道集合；$L_{e,\max}$ 和 $L_{g,\max}$ 分别为主网与主网的联络线、管道的交互能量上限。

（7）碳排放量约束

$$E_{0,\mathrm{a}}^{\mathrm{w}} \leqslant E_0^{\mathrm{w}} + \Delta E_{\mathrm{b}} - \Delta E_{\mathrm{s}} \qquad (7-63)$$

$$\begin{cases} 0 \leqslant \Delta E_{\mathrm{b}} \leqslant \Delta E_{\mathrm{b}}^{\max} \\ 0 \leqslant \Delta E_{\mathrm{s}} \leqslant \Delta E_{\mathrm{s}}^{\max} \end{cases} \qquad (7-64)$$

式中：$E_{0,a}^w$ 为微能网碳排放量；ΔE_b、ΔE_s 分别为微能网碳配额购、售量；ΔE_b^{max}、ΔE_s^{max} 分别为微能网最大碳配额购、售量。

7.5　算例验证

案例以改进的 IEEE14 节点电力系统、比利时 20 节点天然气系统为主网，在电力系统中节点 4、节点 9、节点 14，对应天然气系统中节点 6、节点 7、节点 19 分别接入居民、商业、工业型微能网，组成的含多微能网综合能源系统结构如图 7 – 15 所示。IEEE14 节点电力系统包含 20 条支路和 6 台发电机组，总装机容量 200MW。其中节点 3 连接燃气机组，节点 13 接入风电机组和 P2G 装置，分别与比利时 20 节点系统的节点 16、节点 3 连接，具体参数如表 7 – 7 所示。算例的调度周期为 24h，取时间步长为 1h。

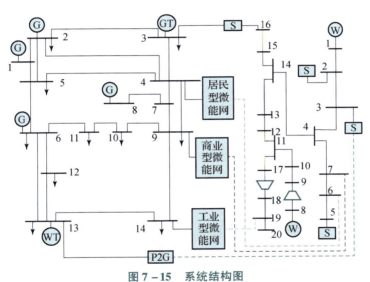

图 7 – 15　系统结构图

System architecture diagram

表 7 – 7　　　　　　　　　各类型微能网内部设备参数
Parameters of the internal equipment of each type of micro energy network

参数名称及单位	设备容量取值		
	工业型	居民型	商业型
CHP 机组容量/MW	10	10	20
电锅炉容量/MW	10	10	10
光伏机组容量/MW	10	5	20

续表

参数名称及单位	设备容量取值		
	工业型	居民型	商业型
风电机组容量/MW	20	0	0
电池储能容量/(MW·h)	10	10	0
储热罐容量/(MW·h)	10	10	20

7.5.1　不同调度模式结果对比

为验证本章节所提方法的有效性，针对调度模型，分别采用各微能网独立调度、集中调度与协调运行模型调度方法进行求解，其中集中调度采用第三章集中调度方法，结果如表 7-8 所示。

表 7-8　　　　　　　　　不同调度方案结果对比
Comparison of results of different scheduling schemes

调度方案	微能网净利润/元			主网运行成本/元	碳排量/t	求解时间/s
	工业型	居民型	商业型			
独立调度	131351	28864	52011	772613	1094.3	11.4
集中调度	130109	28538	51507	753112	1054.9	11.9
协调运行	130522	28715	51694	755968	1048.5	12.7

微能网独立调度计算速度最快，但该调度方案下各微能网各自以自身利益最大为目标运行，主网与各微能网之间无信息交互，微能网不会根据主网调度需求调整用能方案，因此造成了各主体间交互功率不匹配，微能网与主网不匹配功率占 3.76%，无法实现系统整体稳定运行；采用多决策主体交互协调机制，与集中调度方案相比，各微能网整体利益和主网运行成本与集中调度方案偏差仅为 0.36%。对比可知，分布式协同调度方案能够在考虑微能网与主网协调交互的同时，实现总体社会效益最高，并保证整个系统运行稳定。

7.5.2　不同碳交易机制优化结果分析

为验证需求侧碳交易机制对优化调度结果的影响，本节在考虑综合需求响应的基础上，设定以下 3 个对比场景。

场景 1：不考虑碳交易机制。

场景 2：考虑传统碳交易机制。

场景 3：考虑需求侧碳交易机制。

各场景下优化结果对比见表7-9。可见，由于微能网内部电源结构相较主网更为清洁，场景2引入传统碳交易机制后各微能网净利润较场景1提升了1.2%，同时主网运行成本和碳排量均降低；场景3引入需求侧碳交易机制后，相较于场景1，各微能网利润总和增大4.30%，主网运行成本减小了6.78%，系统碳排放总量降低27.21%，即采用需求侧碳交易机制有助于进一步提升整体社会效益，降低全社会碳排量。

表7-9　　　　　　　　　　各场景下结果对比
Comparison of results in each scene

场景	微能网净利润/元			主网运行成本/元	碳排量/t
	工业型	居民型	商业型		
1	126544	26011	49973	810961	1440.5
2	128543	26084	50099	782338	1120.7
3	130522	28715	51694	755968	1048.5

各场景下主网各机组出力如图7-16所示。3种场景对应主网弃风率分别为3.01%、1.26%、0.29%，弃风集中在03:00~07:00风电机组出力高于主网负荷的

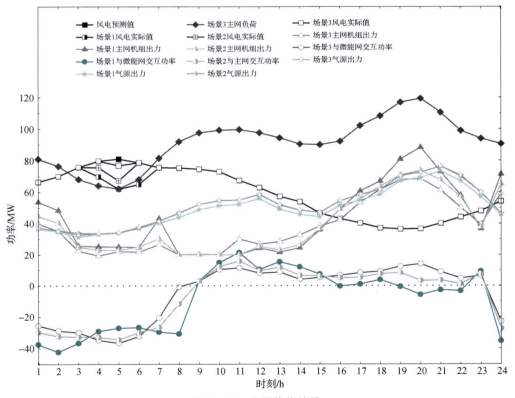

图7-16　主网优化结果
Main network optimization results

时段，场景1不考虑碳交易的影响，由于需求响应需要支出额外的补偿，使得需求响应有限，弃风现象最为严重；场景2引入碳交易机制后，碳交易成本减少量弥补了一部分需求响应补偿费用，从而使得弃风量降低；场景3引入需求侧碳交易机制后，极大的提升了负荷侧对碳排的响应程度，从而使得弃风率接近为0。

各场景下主网成本对比见表7-10。结合表7-10可知，场景2和场景3中由于碳交易机制及综合需求响应，主网碳交易成本、购能成本和负荷响应成本均增大，但传统机组的发电成本和弃风成本均降低，且降低的成本大于增加值，微能网综合需求响应的经济性进一步提升；结合图7-17，场景2和场景3下03：00~07：00时段各微能网从主网购进电能增大，从而系统的弃风率大大降低；且在16：00~23：00主网风电出力较小时，微能网从主网购电量降低，从而减少主网传统机组发电量，提升了整个系统运行的经济性和减碳效果。

表7-10　　　　　　　　各场景下主网成本对比
Comparison of mains network costs by scenario　　　　单位：元

场景	发电成本	弃风成本	碳交易成本	购电成本	补贴成本
1	686142	11018	0	57719	15323
2	647181	9453	15012	58609	17533
3	634450	6064	19025	60325	18610

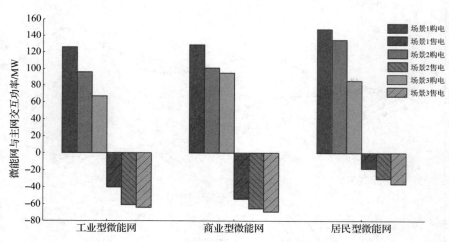

图7-17　各场景一天内微能网向主网购售电量对比

Comparison of electricity sales from micro energy networks to
the main network in one day for each scenario

通过微能网内负荷平移进一步消纳主网新能源，即碳排放责任引导至用户侧后，激励用户调整自身用能行为，以更多的使用低碳排能源，表明本节所提需求侧碳交易机制能够进一步提升主网新能源消纳能力。

各场景下微能网向主网购售电功率如图 7 - 17 所示，场景 2 和场景 3 下主网向微能网购电量增大，而售电量减少，且场景 3 变化更明显；由于微能网 CHP 机组较主网传统机组碳排量小，主网购买微能网电力呈增长趋势，场景 3 较场景 1 主网向各微能网购电量增加了 51%，较场景 2 增长了 11.3%，促进主网用能结构向清洁型结构转型；场景 3 下各微能网外购主网电力时需承担主网传统机组的碳排放量，因此极大地降低了各微能网向主网的购电量，较场景 1 减少了 38.6%，较场景 2 又降低了 25.5%，通过引入需求侧碳交易机制引导微能网通过内部负荷和机组平衡，优先使用内部清洁能源，尽可能降低了微能网对主网的用能依赖，从而推进微能网实现能源就地平衡，削弱分布式能源对系统的冲击，提升整个多微能网系统的可靠性。

7.5.3　需求侧碳交易机制对不同类型微能网的影响

本节所提优化策略，即场景 3 下居民型微能网电、热功率优化结果如图 7 - 18 所示。微能网中电功率和热功率峰谷差分别降低 1.97MW 和 2.77MW。17：00 ~ 22：00 时段内，微能网无光伏出力且主网风电出力较小，此时居民型微能网中负荷减少；12：00 ~ 16：00 微能网中光伏出力较高的时段及 0：00 ~ 07：00 主网风电出力较高的时段，微能网中电负荷增大；即负荷变动趋势与新能源出力趋势基本一致。

居民型微能网热功率优化结果如图 7 - 18（b）所示。热负荷增减趋势与电负荷类似，当风光出力较高时，电锅炉耗电量增多，产生较高热能，此时 CHP 机组产热量减小，储热装置开始蓄热，热负荷对应增大，即需求侧碳交易机制除了可以有效引导电负荷外，也通过热负荷响应进一步提升了微能网负荷响应能力，实现综合效能最大化。

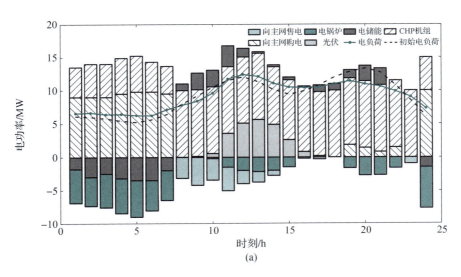

(a)

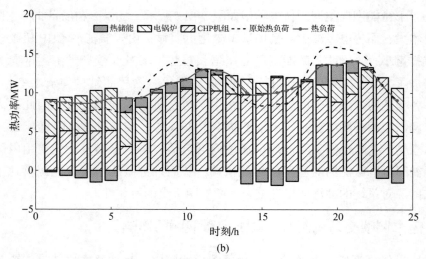

(b)

图 7 – 18　居民型微能网在本节策略中功率优化结果

Residential micro – energy network power optimization results in this section of the strategy

(a) 居民型微能网电功率优化；(b) 居民型微能网热功率优化

工业型微能网中新能源占比较高，其电负荷优化结果如图 7 – 19 所示。在 10：00～23：00主网新能源出力不足，而工业型微能网内部新能源出力较高的时段，向主网售电量提升；同时根据工业型微能网内部新能源出力增减情况，负荷响应随新

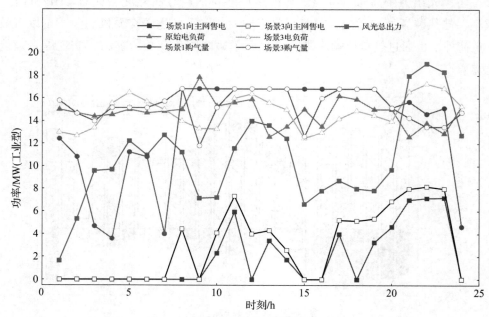

图 7 – 19　工业型微能网优化结果分析

Analysis of optimization results of industrial type micro – energy networks

能源出力变化更加明显。该类型微能网以新能源供能为主，CHP 机组与外购主网电能供能为辅，外购主网天然气向 CHP 机组供能。除满足自身用能需求外，通过与主网交互进一步降低电网碳排放量，而引入需求侧碳交易机制使得工业型微能网可以获得更高的碳排放收益，从而激励其合理发展新能源，并通过内部负荷响应实现供需平衡。

本节所提策略对商业型微能网影响如图 7-20 所示。商业型微能网能源设备少，需求侧响应机制对能源设备影响明显。04：00 ~ 06：00 时段商业型微能网消纳主网弃风，外购主网电力增大，电锅炉耗电量增大，增加出热量；11：00 ~ 13：00 光伏出力大，CHP机组减少出力，购气量减少，电锅炉在该时段耗电量也增大；16：00 ~ 23：00 外购主网电力减小，CHP 机组出力增大，碳排量减小，即需求侧碳交易机制引导设备在对应时段出力来提升该类型微能网碳减排能力，由于微能网中气负荷主要为 CHP 机组，故需求侧碳交易机制对外购主网天然气影响同 CHP 机组基本一致。

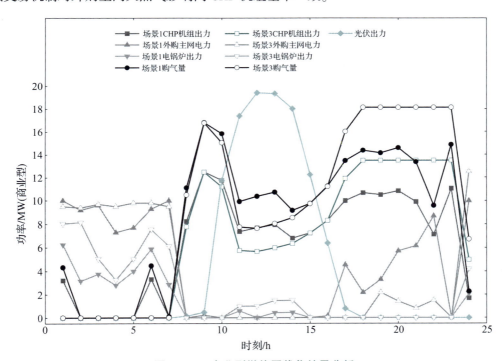

图 7-20　商业型微能网优化结果分析

Analysis of optimization results for commercial micro energy networks

由算例分析可见，需求侧碳交易机制对不同类型微能网都产生积极影响，各类型微能网在需求侧碳交易机制引导下，根据自身供能特性及用能特点作出最有利于自身利益的决策，在进一步消纳主网弃风的同时，提升了清洁能源利用能力。

优化结果验证了需求侧碳交易机制的合理性，同时为以新能源为主的综合能源系统的优化运行调度提供了有效的决策方法。

本章小结

本章在传统的电力需求响应基础上根据微能网的结构与用能特点构建了综合需求响应模型，然后，研究微能网与 IEO 的交互协调机制，构建了考虑联络管网约束的微能网优化模型，提出考虑多微能网与电/气网交互的优化调度方法，并基于本章构建的测试算例，得出如下结论。

（1）通过分时电价引导微能网改变用能方式，充分挖掘了微能网对电价的响应潜力，不仅降低了主网运行成本，而且增加了各微能网的收益，实现了主网与各微能网的多赢。

（2）多微能网与 IEO 的交互协调机制有利于保护微能网的用户信息，提高微能网参与调度的自主性。

（3）通过多微能网参与调度，改变了其运行方式，可以提高各微能网的利润；降低了 IEO 的运行成本，增强了系统风电的消纳能力，提升了主网中电力系统和天然气系统互联互济的能力，降低主网电负荷的峰谷差。

第八章

含多微能网综合能源系统的可靠性评估

近年来，电力系统与天然气系统的耦合程度逐渐加深，大大增加了系统运行和控制的复杂度，系统安全可靠运行面临极大的挑战，对经济的发展造成很大影响，综合能源系统可靠性问题得到越来越多的关注。随着新能源接入比例的不断升高，愈加强烈的随机性和间歇性也对综合能源系统的安全可靠运行提出了更高的要求。可靠性评估可分为充裕度和安全性两个部分，其中充裕度也称静态可靠性，指计及元件计划停运和非计划停运的前提下系统持续满足用户用能需求的能力。安全性也称动态可靠性，是指系统经受突然扰动情况下不间断供能的能力。目前，关于综合能源系统的可靠性评估主要是对系统供能水平的量化，评估过程中并未考虑负荷侧的用能行为对系统可靠性的影响，忽略了不同能质供能系统间相互支撑的作用，缺乏负荷侧方面的可靠性评估指标，所以，有必要对综合能源系统可靠性评估进行进一步研究。

计及多微能网的综合能源系统可靠性评估主要分为系统状态选取、状态分析和可靠性指标计算三部分，基于此，本章首先对综合能源系统中常用的元件可靠性模型和可靠性分析方法进行介绍，提出计及多微能网的 IES 可靠性评估算法。然后，建立可替代负荷模型、最优切负荷模型，提出供能不足期望、失负荷概率、综合需求响应不足期望和微能网对系统可靠性的贡献度等可靠性评估指标。最后，运用非序贯蒙特卡洛抽样法对 IES 的可靠性水平进行了评估，并研究了微能网渗透率、可控性对 IES 可靠性的影响，通过算例验证了模型的有效性。

8.1 负荷和元件可靠性模型

电 – 气 – 热负荷、风电场风速的随机波动和系统元件的随机停运，均会对系统的供能可靠性产生影响，因此在可靠性评估的过程中，需要考虑相关的随机因素建立负荷模型、风电场风速模型以及元件可靠性模型。

8.1.1 电/气/热负荷概率模型

含多微能网的综合能源系统中包含电负荷、气负荷和热负荷，由于负荷预测受到多种不确定因素的影响，存在一定的误差。此外，随着用户需求的变化，各类负荷的大小也会发生改变，并且负荷量对温度与气候比较敏感，用户终端设备的启停也具有很大的随机性，这些导致负荷具有很强的不确定性。如果负荷模型仅采用恒功率模型而忽略其不确定性，最终的评估结果不能合理地描述系统的可靠性，故本节采用正态分布来描述各类负荷的不确定性，其概率密度函数分别为

$$f(E_L) = \frac{1}{\sqrt{2\pi}\sigma}\exp\left[-\frac{(E_L - \mu_{E_L})^2}{2\sigma_{E_L}^2}\right] \tag{8-1}$$

式中：E_L 为（电、气、热）负荷功率；μ_{E_L}、σ_{E_L} 分别为负荷功率的数学期望、标准差；$f(E_L)$ 为负荷功率的概率密度函数。

8.1.2 元件可靠性模型

含多微能网的综合能源系统中元件种类众多，系统中的元件多数是可修复的，故本节中的元件可靠性模型采用两状态，即仅考虑元件的正常工作和故障停运两种状态，如图 8-1 所示。元件故障率是指元件由正常运行状态向故障停运状态转移的概率，元件修复率指元件由故障停运状态向正常运行状态转移的概率。

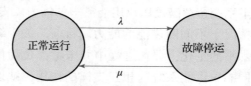

图 8-1 元件两状态模型
Two state model of component

元件运行过程中主要考虑统计时间 PH(h)、运行时间 SH(h)、可用时间 AH(h)、强迫停运次数 FOT(次) 及强迫停运累计时间 FOH(h) 等参数。常用的元件可靠性指标如下。

（1）元件故障率

$$\lambda = \frac{PH}{SH/FOT}(次/台年) \tag{8-2}$$

（2）元件修复率

$$\mu = \frac{PH}{FOH/FOT}(次/台年) \tag{8-3}$$

（3）强迫停运率

$$FOR = \frac{FOH}{FOH + SH} \times 100\% \tag{8-4}$$

（4）可用系数

$$AF = \frac{AH}{PH} \times 100\% \tag{8-5}$$

（5）平均无故障时间

$$MTBF = \frac{AH}{FOT}(\text{h}) \tag{8-6}$$

8.1.3　最优切负荷模型

对抽样选取的系统状态进行能流计算，如果系统违背运行约束，则需要采用负荷削减对系统状态进行调整。本节所提的负荷削减策略的不同之处在于主网通过采取经济补贴的方式，使微能网自愿改变自己的用能选择，以此来改变综合能源系统用户侧用能的结构，从而达到在最大限度满足用户用能需求的前提下，减少系统负荷的削减量，使电力系统与天然气系统能够协调运行，提高系统运行可靠性的目的。

（1）目标函数。当主网发生故障导致供能不足时，微能网中的储能设备可以迅速响应主网调度短时填补主网容量缺额，为综合需求响应提供时间基础，同时，综合需求响应解决了储能设备容量有限无法长时间大功率输出的问题。通过主网与各微能网间的优化协调，可以避免出现各类负荷削减的现象。本节以主网电负荷和气负荷削减量之和最小为优化目标，则有

$$\min f = \sum_{k=1}^{n_k} \Delta P_k + \sum_{g=1}^{n_g} \Delta F_g \tag{8-7}$$

式中：n_k、n_g 分别为电负荷节点、气负荷节点；ΔP_k、ΔF_g 分别为电负荷和气负荷的削减量。

（2）约束条件。在对含有多微能网的综合能源系统进行负荷削减时，除了需要满足电网运行约束、天然气系统运行约束以及微能网运行约束以外，还应满足微能网可控因子约束，用以描述微能网响应主网调度的可靠性。

8.2　综合能源系统可靠性指标

8.2.1　微能网可控因子

主网通过经济补贴激励微能网参与调度，当主网出现用能成本较高、负荷水平较高或能源供应网络故障等情况时，主网将向各微能网下达调度需求与经济补贴标准，微能网对经济激励的态度会导致微能网响应的不确定性。本节引入微能网可控因子描述主网对微能网调度的难易程度，实质上为微能网对其收益的敏感度。微能网可控因子是指微能网参与主网调度的容量与微能网收益增长量之间的比值，如式（8-8）所示，表征微能网参与主网调度后对全天收益的影响，微能网可控因子越大表示微能网

越容易受主网调度，则有

$$\varepsilon = (G_{\text{sub}} + P_{\text{sub}})/\Delta I \tag{8-8}$$

式中：ε 为微能网的可控因子；ΔI 为微能网日运行利润的变化量。

在主网对各微能网实施调度时，由于微能网内部用能舒适度、经济收入等因素，导致微能网在响应主网调度时存在响应启动值，当微能网日运行利润的增长量达到一定值时，微能网才响应主网的调度，并且随着微能网日运行利润的增长，微能网参与调度的量越大。由于微能网内部设备运行约束的原因，参与调度的能力存在上限。微能网对主网调度的响应程度可以近似拟合为分段函数，如图 8-2 所示。

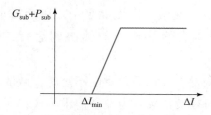

图 8-2　微能网响应主网调度分段线性函数

Piecewise linear function of micro – energy grid response to main grid dispatch

微能网的综合需求响应量与其内部用户的用能需求紧密联系，具有较大的波动性，当微能网内部用户对能源的需求较小时，会造成微能网综合需求响应量不足，微能网能源转化的能力受到限制。假设主网中能源 i 系统中供应不足量为 Δw_i，微能网综合需求响应的量为 W_i^{ij}；能源 j 系统中的剩余量为 Δw_j，此时，主网所需微能网的综合需求响应量为 IDR、缺少的微能网 $F_{\text{EALS}}(X_i)$ 分别为

$$IDR = \min\{\Delta w_i, \Delta w_j\} \tag{8-9}$$

$$F_{\text{EALS}}(X_i) = \begin{cases} 0 & W_i^{ij} \geqslant IDR \\ IDR - W_i^{ij} & W_i^{ij} < IDR \end{cases} \tag{8-10}$$

本节提出微能网响应量不足期望用以描述系统是否存在微能网响应量不足的问题，当实际微能网响应量大于系统需求量时 $CDRS = 0$；反之，若实际微能网可控量未满足系统需求量时，微能网可控量不足期望为

$$CDRS = \frac{1}{N}\sum_{i=1}^{N} F_{\text{EALS}}(X_i) \tag{8-11}$$

式中：$F_{\text{EALS}}(X_i)$ 为系统状态为 X_i 的缺少微能网量。

8.2.2　可靠性指标

IES 的可靠性水平是通过定量的可靠性指标来衡量的，现有研究中的可靠性指标主要是量化各个子系统的可靠性，而忽略了系统的整体性、各部分之间的关联性以及负荷侧的影响。故本节从源网侧与需求侧角度出发，建立含多微能网综合能源系统可靠性指标。源网侧的可靠性指标包括供能不足期望、失负荷概率和可靠性收益。需求侧可靠性指标包括微能网响应量不足期望和微能网对系统可靠性的贡献系数。

（1）供能不足期望（expected energy not supplied，EENS）。该指标表示系统运行时各类负荷削减量的平均值，同时反映了系统中能源的短缺量，则有

$$EENS = \frac{1}{N}\sum_{i=1}^{N} F_{\text{EENS}}(X_i) \tag{8-12}$$

式中：N 为抽样次数；$F_{\text{EENS}}(X_i)$ 为系统状态为 X_i 的切负荷量，其中切负荷为计及可替代负荷后，经系统最优切负荷模型确定的电力切负荷量和天然气切负量之和，其中天然气负荷为经热量等值换算后以电能量描述的值，MW。

（2）失负荷概率（loss of load probability，LOLP）。本节将电力系统中的失负荷概率延伸至综合能源系统，将供气不足纳入其中，用以刻画电力系统与天然气系统互联互济对可靠性的影响。该指标表示系统在故障或多种随机因素影响时无法满足用户用能需求的概率，同时能够反映系统供能不足的风险，则有

$$LOLP = \frac{1}{N}\sum_{i=1}^{N} F_{\text{L}}(X_i) \tag{8-13}$$

式中：$F_{\text{L}}(X_i)$ 为系统状态为 X_i 的切负荷情况，$F_{\text{L}}(X_i)=1$ 表示系统切负荷；$F_{\text{L}}(X_i)=0$ 表示系统未切负荷。

（3）综合需求响应量不足期望（comprehensive demand response volume not supplied，CDRS）。

（4）微能网对系统可靠性的贡献系数（contribution of micro energy network to EENS，CMEE）。该指标描述微能网对系统可靠性的影响程度。CMEE 越大表示微能网对系统可靠性的提升程度越明显，则有

$$\Delta EENS = EENS_0 - EENS_1 \tag{8-14}$$

$$CMEE = \Delta EENS/IDR \tag{8-15}$$

式中：$EENS_0$ 和 $EENS_1$ 分别为微能网不可控时和可控时的 $EENS$；$\Delta EENS$ 为系统供能不足期望 $EENS$ 的减少量。

（5）可靠性收益。虽然微能网参与负荷优化可以减少负荷削减量，提升系统可靠性，但运营商的控制成本制约着微能网的参与量。因此综合考虑微能网的控制成本和可靠性收益，建立经济性评价模型是有必要的。

当系统发生故障且其中一种能源供应不足时，可以通过控制微能网用户的用能行为实现 IES 互联互济，从而减少系统供能不足的情况，降低了负荷削减惩罚成本，提高了系统的经济性，则有

$$C = C_{\text{p}} - C_{\text{on}} \tag{8-16}$$

$$C_{\text{on}} = \frac{1}{N}\sum_{i=1}^{N} \Delta p_i \cdot \Delta W_i \tag{8-17}$$

$$C_p = \Delta EENS \cdot Q \qquad (8-18)$$

式中：C 为可靠性收益；C_{on} 为可替代负荷控制成本，C_p 为系统供能不足期望 $EENS$ 的减少后获得的经济效益；Q 为失负荷价格。

8.2.3 综合能源系统可靠性评估流程

本节采用非序贯蒙特卡洛法对 IES 可靠性评估，具体步骤如下。

（1）通过非序贯蒙特卡洛模拟法对系统元件（发电机、输电线路、气源点、管网）、可替代负荷用户用能状态等进行抽样。其中元件停用模型采用两状态模型，可替代负荷用户使用的能源种类采用蒙特卡洛法随机抽取。

（2）根据元件状态抽样结果，对 IES 进行拓扑分析，更新系统网络的连通性情况。

（3）进行 IES 计及可替代负荷的最优切负荷计算，更新各子系统负荷。

（4）计算该次抽样的 IES 可靠性指标。

（5）判断抽样次数是否达到设定值，若达到，则输出可靠性指标；否则返回步骤1。

计及可替代负荷 IES 可靠性评估流程图，如图 8-3 所示。

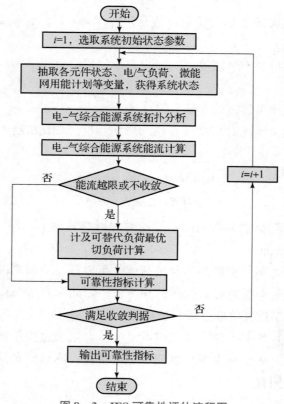

图 8-3 IES 可靠性评估流程图

Reliability evaluation flowchart of electric – gas integrated energy system

8.3　非时序蒙特卡洛模拟法

系统状态选取是可靠性评估的关键环节，系统的可靠性分析方法有很多种，其中概率卷积法、串联和并联网络法、马尔可夫方程法和频率—持续时间法的原理较为简单，适用于网络结构简单的系统可靠性评估，对于复杂电力系统则存在计算量大等问题。常用于复杂电力系统可靠性分析的方法有状态枚举法和蒙特卡洛模拟法（monte carlo simulation method，MCSM）。状态枚举法的原理在于列举出系统所有运行状态，并分别对每种状态进行分析。当元件数量较大时系统状态数过多，计算过程较为繁琐，因此该方法一般适用于系统元件较少的情况。而蒙特卡洛模拟法在进行大型电力系统的可靠性评估时具有很强的灵活性，抽样次数与系统规模不相关，其基本原理是运用随机数序列发生器产生数量足够大的一系列实验样本，样本均值可作为服从任意分布的随机变量的数学期望无偏估计。蒙特卡洛模拟法可以分为序贯蒙特卡洛模拟法和非序贯蒙特卡洛模拟法，下面将分别进行详细介绍。

8.3.1　非序贯蒙特卡洛模拟法

非序贯蒙特卡洛模拟法需要对系统中每个元件运行状态进行抽样，并通过组合所有元件运行状态得到系统运行状态。系统状态概率取决于元件状态概率，设电力系统包含 N 个相互独立的元件，且每个元件都仅存在正常工作和故障失效两种状态，令 1 代表元件正常工作状态，0 代表元件故障失效状态。元件 i 的运行状态 S_i 表示

$$S_i = \begin{cases} 1 & Q_i \leqslant R_i \\ 0 & 0 \leqslant R_i < Q_i \end{cases} \tag{8-19}$$

式中：R_i 为 $[0,1]$ 区间上均匀分布的随机数；Q_i 为元件故障失效概率。当 $R_i < Q_i$ 时，元件处于故障失效状态；当 $R_i > Q_i$ 时，元件则处于正常运行状态。

对系统中每个元件进行状态抽样，并组合得到系统状态 $S = (S_1, \cdots, S_j, \cdots, S_N)$，相应的状态概率为

$$P(S_j) = \prod_{i=1}^{N_f} Q_i \prod_{i=1}^{N-N_f} P_i \tag{8-20}$$

式中：N 为系统元件总数；N_f 为失效元件数量；P_i 为元件正常运行概率。

8.3.2　序贯蒙特卡洛模拟法

状态持续时间抽样法是序贯蒙特卡洛模拟法中最常用的方法。不同于非序贯蒙特卡洛模拟法对元件运行状态抽样，这一方法是对元件状态的持续时间抽样，从而获得不同的系统状态，原理如图 8-4 所示。

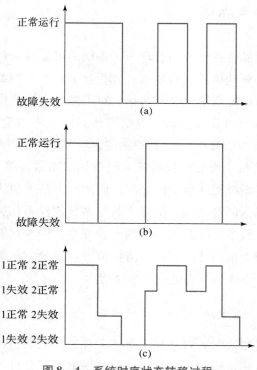

图 8-4 系统时序状态转移过程

Timing state transition diagram of system

（a）元件 1 状态；（b）元件 2 状态；（c）系统状态

序贯蒙特卡洛法的具体计算步骤如下。

（1）指定系统中所有元件初始状态，一般假定均处于正常运行状态。

（2）对每个元件处于当前状态的时间进行抽样。通常假设元件正常运行时间及故障修复时间都呈指数分布，所以状态持续时间抽样值为

$$D_i = -\frac{1}{r}\ln R_i \qquad (8-21)$$

式中，R_i 为区间 $[0, 1]$ 上均匀分布的随机数；r 为系统状态转移率，若元件 i 处于正常状态，则其向故障状态转移的概率为故障率 λ，即此时 $r=\lambda$，D_i 为正常状态持续时间；若元件 i 处于故障状态，则其向正常状态转移的概率为修复率 μ，即此时 $r=\mu$，D_i 为故障失效状态持续时间。

（3）重复步骤（2）并记录所有元件状态持续时间的抽样结果，就可以获得每个元件在研究时段内的时序状态转移过程，将其进行组合就可以得到系统的时序状态转移过程。

与非序贯蒙特卡洛法相比，序贯蒙特卡洛法可以灵活地模拟状态持续时间，精确地计算与频率和持续时间相关的指标，但同时存在计算量较大的问题，需要更多的

CPU 和存储空间。由于综合能源系统是一个相对复杂的系统，故本节采用非时序蒙特卡洛法作为系统状态选取的方法。

8.4　算例分析

本节以 IEEE – RTS24 和比利时 20 节点天然气系统构成的 IES 进行仿真分析，系统网络图如图 8 – 5 所示。其中电力系统中有 24 台火力发电机组，2 个风电场，2 台燃气发电机组，装机总容量为 3405MW，电负荷峰值为 2850MW。将比利时 20 节点天然气系统等比例扩大，包括 2 个气源点、4 个储气站、20 条燃气管道，容量为 2000MW，气负荷峰值为 1860MW。在该系统中接入 3 类微能网各 1 个。

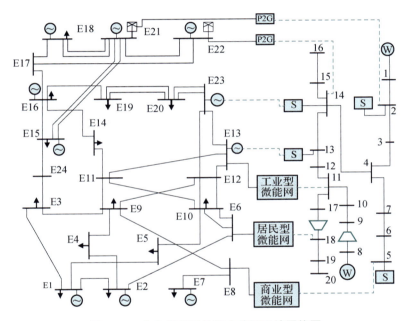

图 8 – 5　含多微能网的综合能源系统网络图

Network diagram of integrated energy system with multi – micro energy grid

8.4.1　微能网渗透率对可靠性的影响

在系统微能网可控因子为 0.3 的情况下，分析不同微能网渗透率下系统的可靠性，即系统中的微能网最大值与系统负荷峰值的比值对 IES 可靠性的影响。可靠性指标如表 8 –1 所示。

可知，当微能网渗透率从 0 ~ 20% 时，随着微能网渗透率的增大，*EENS*、*LOLP* 以及 *CDRS* 逐渐减少，说明通过控制微能网，系统的可靠性得到改善。在微能网渗透率大于 20% 后，*EENS*、*LOLP* 以及 *CDRS* 又逐渐开始上升，这是由于微能网中的不可控部分对系统可靠性不利的影响逐渐加强，同时微能网中的可控部分调节能力有限。综上所述，当微能网的渗透率为20%时，对该系统的可靠性的提升最为明显。

表 8 – 1　　　　　　　　　不同微能网渗透率下可靠性指标计算结果
Reliability indexes with different alternative load penetration

渗透率/%	EENS/MW	LOLP	CDRS/MW
0	56.804	0.0774	40.486
5	52.964	0.0597	37.623
10	49.467	0.0525	34.151
15	46.285	0.0475	32.884
20	43.324	0.0457	30.218
25	43.894	0.0453	30.496
30	44.647	0.0452	31.025
35	46.029	0.0471	32.659

8.4.2　微能网可控性对可靠性的影响

在系统微能网渗透率20%的情况下，分析不同可控性下系统的可靠性。可靠性指标的变化情况如图8－6所示。

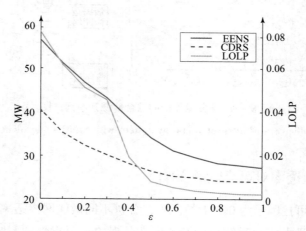

图 8 – 6　不同可控性下可靠性指标变化趋势
Trend of reliability index with different controllability

由图8－6可知，随着微能网可控性的不断提高，可靠性指标逐渐减小，系统的可靠性逐渐加强，说明提高微能网的可控性，有助于改善系统可靠性。

当 $\varepsilon = 0 \sim 0.6$ 时，*EENS*、*CDRS* 和 *LOLP* 均变化明显，这是因为随着可控性的增大，一方面系统中微能网中的可控部分不断增加，对系统可靠性产生了积极作用，另一方面微能网中的不可控部分不断减少，缓解了负荷侧的不确定性，也有助于系统可靠性的提升。

当 $\varepsilon = 0.6 \sim 1$ 时，系统可靠性改善并不明显，*EALS* 和 *LOLP* 基本无变化，说明系统管网的协调能力不足、装机容量和气源容量的限制导致微能网中可控部分无法发挥更大的作用，此时的可靠性的改善主要是来自微能网中不可控部分的减少。

综上可知，微能网的可控性越好，系统的可靠性越高。

8.4.3　微能网参与系统可靠性提升的经济性分析

微能网渗透率为 20% 时，系统的可靠性水平提高最多。为研究微能网参与负荷优化的可靠性收益，本节选取微能网渗透率为 20% 时，分析与对系统可靠性收益的影响。可靠性收益的变化情况如图 8 - 7 所示。

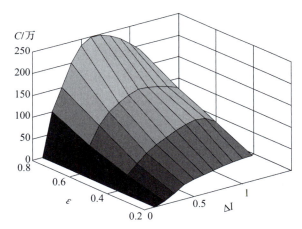

图 8 - 7　ΔI 与 ε 对系统可靠性收益的影响
The influence of $\Delta I / I$ and ε on the system reliability benefit

由图 8 - 7、图 8 - 8 可知，微能网的可控性越大，系统的可靠性收益越高，这是因为可控性越大微能网越容易被控制，系统投入的控制成本也就越小。当 $\varepsilon = 0.2$ 时，随着 ΔI 逐渐增大，微能网对系统可靠性的贡献系数 *CMEE* 逐渐增大，系统的可靠性改善越来越明显，所以系统的可靠性收益 *C* 也在逐渐增大。当 $\varepsilon > 0.2$ 时，随着 ΔI 的逐渐增大，系统的可靠性收益 *C* 先增大后减小，这是由于开始阶段微能网对系统可靠性的贡献系数 *CMEE* 逐渐增大，系统的可靠性改善明显；但是随着控制成本的增加，微能网对系统可靠性的贡献系数 *CMEE* 基本不变，导致系统的可靠性收益 *C* 开始下降。

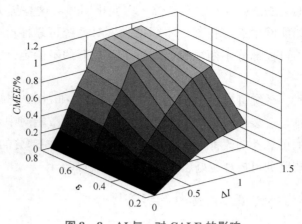

图 8 - 8　 Δl 与 ε 对 CALE 的影响

The influence of Δl and ε on the CALE

8.5　考虑可靠性的电 – 气综合能源系统气源定容规划

　　根据负荷预测，目前的综合能源系统 EGIES 规划只考虑规划输电网拓扑结构、输配电线路容量、天然气网拓扑结构、燃气管道传输容量以及燃气轮机和电转气等耦合设备的容量，但没有考虑对 EGIES 中天然气气源容量的规划。事实上，在现有天然气系统中，增加燃气轮机为电力系统供能，就是增加了天然气系统等效气负荷，而原有的天然气系统中气源容量无法满足耦合系统电负荷和气负荷可靠运行所需，所以必须对天然气系统供气能力进行重新规划，即进行气源点容量规划。

　　综合能源系统 EGIES 规划评价体系包含多种规划因素，总规划目标应包含各个因素，应该先考虑 EGIES 多维评价体系。EGIES 规划是为了满足整个系统经济、可靠、优质运行的要求。如图 8 – 9 所示为综合能源系统 EGIES 规划目标体系。

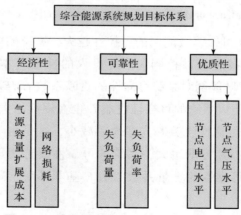

图 8 – 9　综合能源系统 EGIES 规划目标体系

Integrated energy system planning goals

从图 8 - 9 中可以看出 EGIES 规划目标体系包括经济性、可靠性、优质性，优化目标要满足多评价指标，必然需要设计多目标优化。目前多目标优化的处理方法主要有两种，一种是利用 pareto 支配关系得到一组非支配解，另一种是采用加权法将多目标优化转换为单目标优化求解。本章采用加权法将多目标优化转换为单目标优化。

8.5.1　气源定容规划目标函数

（1）由于天然气的供应能力受能源储备的限制，因此在规划时应以最小的气源容量满足系统负荷运行需要，同时气源容量越大，其经济成本越高。则第 1 个目标函数为气源容量最小，则有

$$\min f_1 = F_G = G_{plam} \tag{8-22}$$

式中：G_{plam} 为规划所得气源容量。

（2）当天然气系统耦合电力系统后，导致天然气系统负荷增加，为了维持电力系统可靠运行，本书选择优先满足电力系统负荷需求，此种运行状态有可能造成天然气系统失负荷情况的发生，针对 EGIES 系统可靠运行要求，第 2 个目标函数为系统失负荷量最小，则有

$$\min f_2 = F_f = \sum_{m=1}^{N_N-1}(f_{mj}) - \sum_{m=1}^{N_N-1}(f_{mi}) \tag{8-23}$$

式中：N_N 为天然气节点总数；f_{mj} 和 f_{mi} 分别为第 m 个节点负荷需要的气体流量和实际负荷消耗的气体流量。

（3）网络损耗是反应系统经济性的重要指标之一。由于天然气在传输过程中无网络损耗，因此本书主要考虑电力系统的网络损耗。电力系统耦合天然气系统后会改变系统支路潮流，进而会影响系统的网络损耗。第 3 个目标函数为系统的网络损耗最小，则有

$$\min f_3 = P_{loss} = \sum_{k=1}^{N} G_{k(i,j)}\left[U_i^2 + U_j^2 - 2U_iU_j\cos(\theta_i - \theta_j) \right] \tag{8-24}$$

式中：N 为网络支路总数；$G_{k(i,j)}$ 为节点 i 和 j 之间的线路 k 对应的电导；U_i、U_j 和 θ_i、θ_j 分别为节点 i 和 j 的电压幅值和相位。

（4）节点电压水平是电网电压质量的主要指标之一，也是评价 EGIES 规划优质性的主要指标之一。一般情况下，电驱动压缩机作为等效电负荷会导致节点电压降落，而燃气轮机作为发电机又可以支撑节点电压，都会影响电网节点电压偏移。则第 4 个目标函数为节点电压偏移最小，有

$$\min f_4 = I_V = \frac{1}{N_P - 1}\sum_{i=1}^{N_N-1}\frac{\left| U_i - U_o \right|}{U_o} \tag{8-25}$$

式中：N_P 为电力系统节点总数；U_i 和 U_o 分别为第 i 个节点和首节点的电压幅值。

（5）类比电力系统中电压偏移衡量电网电压质量，在天然气系统中，提出采用节

点气压降衡量气网气压质量。一般情况下，电力系统耦合天然气系统增加了天然气系统负荷，会导致节点气压下降，而气源点出力增加又会引起节点气压上升，针对天然气系统优质运行要求，计算 EGIES 节点气压与天然气系统独立运行时节点气压降的均值。则第 5 个目标函数为节点气压降最小

$$\min f_5 = F_p = \frac{1}{N_N} \sum_{m=1}^{N_N} \frac{|\pi_{mj} - \pi_{mi}|}{\pi_{mi}} \tag{8-26}$$

式中：N_N 为天然气系统节点总数；π_{mj} 和 π_{mi} 分别为第 m 个节点耦合后和耦合前的气压值。

求解多目标优化时，将多目标规划转化为单目标规划问题，根据规划决策者对于规划要求引入参数 λ，即总目标为

$$F = \min\{\lambda_1 f_1 + \lambda_2 f_2 + \lambda_3 f_3 + \lambda_4 f_4 + \lambda_5 f_5\} \tag{8-27}$$

式中：参数 λ_i 表征第 i 个目标重要度。

8.5.2 约束条件

模型的等式约束为电网的潮流方程、天然气系统的气体流量方程以及耦合环节等式方程。模型的不等式约束包括电网电压约束、气网气压约束、气源出气约束、气网管道流量约束以及可靠性约束。该部分参考本书 3.1.3，此处不再赘述。

为了评估耦合系统的可靠性，除了考虑系统失负荷量最小的目标外，引入允许失负荷率来表示可靠性指标。

$$\frac{\left| \sum_{m=1}^{N_N-1} (f_{mi}) - \sum_{m=1}^{N_N-1} (f_{mj}) \right|}{\sum_{m=1}^{N_N-1} (f_{mi})} \le \beta \tag{8-28}$$

式中：N_N 为节点总数；f_{mi} 和 f_{mj} 分别代表第 m 个节点需要的气体流量和实际得到的气体流量；β 为最大允许失负荷率。

8.5.3 求解算法

粒子群算法（particle swarm optimization，PSO）是一种随机优化算法，源于鸟群捕食行为研究，于 1995 年由 Kennedy 和 Eberhart 博士提出。当食物位置未知，在捕食初期鸟群分散，在觅食过程中，鸟群会共享信息，加速整个鸟群寻找食物进度，找到食物位置后整个鸟群向着一个目标聚拢。这个过程衍化得到粒子群算法，每个小鸟就是粒子群算法中的粒子，最终寻找得到最优解。粒子群算法具有容易实现、参数设置少、收敛快、全局搜索能力强等优点，在优化问题求解中广泛应用。

粒子群算法基本思想是：随机初始化一群没有质量和体积的粒子，将每个粒子看成是待求问题的一个解，用适应度函数来衡量粒子的优劣，所有粒子在可行解空

间内按一定的速度运动并不断追随当前最优粒子，经过若干代搜索后得到该问题的最优解。

假设第 i 个粒子在 d 维搜索空间中的位置和速度分别为 $X^i = (x_{i,1}x_{i,2},\cdots,x_{i,d})$ 和 $V^i = (v_{i,1}v_{i,2},\cdots,v_{i,d})$，每次迭代过程中，粒子通过跟踪两个最优解进行更新，一个是粒子本身最优解，及个体极值 pbest，另一个是整个种群最优解，即全局最优解 gbest。此时，粒子根据以下公式更新速度和位置。

$$v_{i,j}(m+1) = wv_{i,j}(m) + c_1 r_1 [p_{i,j} - x_{i,j}(m)] + c_2 r_2 [p_{g,j} - x_{i,j}(m)] \quad (8-29)$$

$$x_{i,j}(m+1) = x_{i,j}(m) + v_{i,j}(m+1), j = 1,2,3,\cdots,d \quad (8-30)$$

式中：w 为惯性权重；c_1 和 c_2 为学习因子；r_1 和 r_2 为 0 到 1 之间均匀分布的随机数。

由于粒子群中的参数会对粒子群算法性能有很大影响，因此本书采用改进的粒子群算法。在粒子群算法的可调参数中，惯性权重是最重要的参数，惯性权重较大时有助于跳出局部极小点，便于全局最优的寻找，而惯性权重较小时有利于对当前区域进行精确局部搜索，有益于算法收敛。因此本书采用线性递减权重，让惯性权重从最大值线性减小到最小值，w 随算法迭代次数的变化公式如式（8-31）所示。学习因子采用异步学习因子，其在优化过程中随时间进行不同变化，这样在初期优化阶段，可以加强全局搜索能力，后期优化阶段有利于收敛到全局最优解。学习因子变化如下

$$w = w_{\max} - \frac{m(w_{\max} - w_{\min})}{m_{\max}} \quad (8-31)$$

$$c_1 = c_{1,\max} - \frac{m(c_{1,\max} - c_{1,\min})}{m_{\max}} \quad (8-32)$$

$$c_2 = c_{2,\max} - \frac{m(c_{2,\max} - c_{2,\min})}{m_{\max}} \quad (8-33)$$

式中：$w_{\max}$、$w_{\min}$ 为 w 的最大值和最小值；$c_{1,\max}$、$c_{2,\max}$ 分别为 c_1 和 c_2 最大值；$c_{1,\min}$、$c_{2,\min}$ 分别为 c_1 和 c_2 最小值；m 为当前迭代步数；$m_{\max}$ 为最大迭代步数。

粒子群求解流程如图 8-10 所示。

（1）初始化，输入电力系统与天然气系统数据，输入负荷波动采样数据。初始化粒子，即待规划气源的容量值。个体最优和全局最优初始化为无穷大。

（2）利用概率能量流算法对每个粒子进行能量流计算并计算目标函数，更新粒子个体最优和全局最优。

（3）根据式（8-29）~式（8-33）更新粒子速度、位置，惯性权重和学习因子。计算适应度值，并更新粒子的个体最优和全局最优。

（4）判断是否达到最大迭代次数，若是，则输出气源容量规划结果，否则转向步骤（3）。

（5）给出最优规划值。

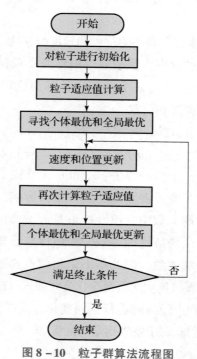

图 8 – 10　粒子群算法流程图

Particle swarm optimization flowchart

8.5.4　EGIES 气源定容规划算例分析

　　采用的 EGIES 测试算例结构如图 8 – 11 所示，它是由 IEEE39 节点电力系统和比利时 20 节点天然气系统耦合组成。天然气系统中两个压缩机全部采用电机驱动，分别与 IEEE39 节点系统中的节点 10 和节点 11 相连；假定 IEEE39 节点系统中节点 32、节点 34、节点 38 连接的发电机为燃气轮机，分别与比利时 20 节点天然气系统的节点 4、节点 5、节点 11 相连。电、气负荷均服从正态分布，其期望值分别为 IEEE39 节点系统和比利时 20 节点天然气系统所带负荷值，标准差为期望值的 10%；结合拉丁超立方法的精度与效率考虑，随机模拟 400 次，在概率能量流基础上规划气源容量，满足电力系统和天然气系统运行中的负荷需求以及系统稳定运行的要求，对天然气网络中的气源容量进行规划。

　　在现有比利时 20 节点天然气系统气源容量限制下，与电力系统耦合之后会导致节点气压下降，这是由于独立运行的天然气系统气源出力已经接近或达到允许出力的上限，当耦合电力系统后，相当于增加了天然气系统中的气负荷量，这时气源出力无法满足整个系统所需，导致天然气系统切除部分气负荷。在现有 EGIES 400 次概率能量流计算过程中，天然气系统失负荷情况如图 8 – 12 所示。

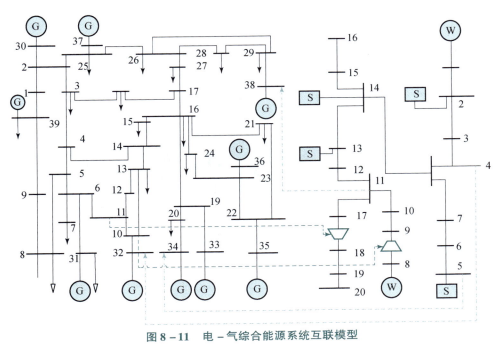

图 8 – 11　电 – 气综合能源系统互联模型

Integrated electricity and natural – gas energy system interconnection model

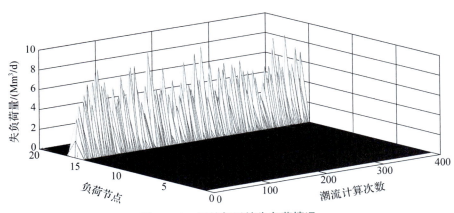

图 8 – 12　天然气系统失负荷情况

Lost load of natural gas system

由图 8 – 12 可得，以现有的比利时 20 节点天然气系统气源容量，电力系统接入天然气系统会导致天然气系统丢失部分负荷，切负荷主要发生在节点 16，因为节点 16 位于比利时 20 节点天然气系统末端，且所带负荷量较大，在切除节点 16 负荷能满足电力系统所需时，其他节点不发生切负荷现象。

将图 8 – 12 所示系统的失负荷率统计如图 8 – 13 所示。系统最大失负荷率达 25%，设定失负荷率在 5% 以下满足系统可靠运行要求，此时的 EGIES 运行状态显然不满足系统可靠性要求。因此，研究 EGIES 系统的气源容量扩展是很有必要的。

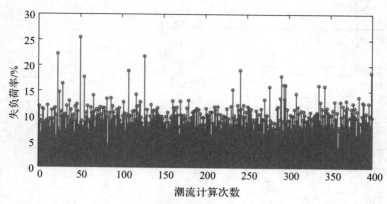

图 8 - 13　天然气系统失负荷率

Natural gas system load loss ratio

　　为了显示气源容量扩大对系统失负荷的影响，在电负荷和气负荷为期望值时，将系统所有气源容量同时扩大相同倍数，此时整个系统失天然气总负荷情况如图 8 - 14 所示。

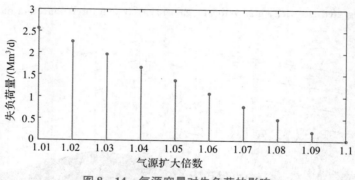

图 8 - 14　气源容量对失负荷的影响

Effect of gas source capacity on load loss

　　由图 8 - 14 可知，当电负荷和气负荷均为期望值时，系统气源点容量扩大到原来的 1.1 倍时，整个系统此时不发生失负荷现象，表明此 EGIES 系统失负荷是由于天然气气源容量不足导致，输气管道输送能力等约束能够满足负荷需求。但是对所有气源进行扩容会使得工作量和成本增加，不利于系统经济性。基于此，本章选择部分气源点进行定容规划，假设所有气源出力都为无限大，在 400 次概率能量流计算中得到 6 个气源的出力情况如图 8 - 15 所示。

　　由图 8 - 15 可得，当天然气系统中存在气负荷的波动时，气源 2、气源 3、气源 6 出力产生较大波动，而气源 1、气源 4、气源 5 出力变化很小或基本不变，因此在比利时 20 节点天然气系统中起到平衡负荷增加的气源主要是气源 2、气源 3、气源 6，基于

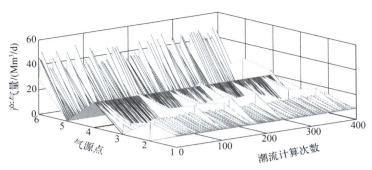

图 8 – 15 气源供气情况

Gas supply situation

此选取气源 2、气源 3、气源 6 进行气源的容量规划。设置以下三个场景。

场景 1：规划时只考虑满足电力系统目标函数。

场景 2：规划时只考虑满足天然气系统目标函数。

场景 3：规划时同时考虑满足电力系统和天然气系统的目标函数。

采用 8.5.3 节中规划算法得到三种场景下的气源容量如表 8 – 2 所示。

表 8 – 2　　　　　　　　　三种场景下规划的气源容量

Gas source capacity planned under three scenarios　　　单位：Mm³/d

场景	气源 2	气源 3	气源 6
场景 1	5.4	6.1	3.3
场景 2	7.2	6.3	15.8
场景 3	12.3	8.5	9.3

在场景 1 规划所得气源容量下进行 400 次概率能量流计算，此时系统失负荷情况如图 8 – 16 所示。由图 8 – 16 可知，系统失负荷不仅发生在节点 16，其他节点也发生失

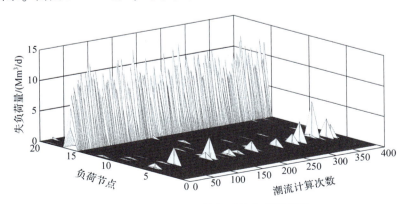

图 8 – 16　场景 – 天然气系统失负荷情况

Scenario 1 lost load of natural gas system

负荷，整个系统失负荷量大于原系统，这是由于场景 1 只考虑电力系统目标时，没有考虑失天然气负荷量最小，规划所得气源容量小于系统原气源容量，而在 EGIES 中采用优先满足电力系统负荷可靠运行要求，使得此时天然气系统切更多气负荷。

场景 1 系统失负荷率统计如图 8-17 所示，从图中可得场景 1 系统失负荷率最大时高达 20%，且在 400 次概率能量流计算中仅有 2 次无切负荷情况，切负荷发生概率占比高达 99.5%，无法满足 EGIES 可靠运行的要求。显然，场景 1 仅考虑电力系统目标的规划结果是不合理的。

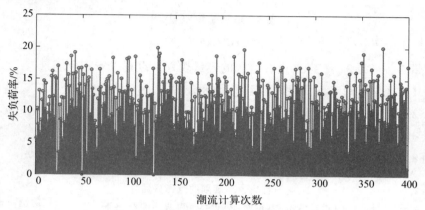

图 8-17　场景 1 天然气系统失负荷率

Scenario 1 Natural gas system load loss ratio

在场景 2 规划所得气源容量下进行 400 次概率能量流计算，此时系统失负荷情况如图 8-18 所示。由图 8-18 可知，系统失负荷仍主要发生在节点 16，但切负荷值相比场景 1 明显减少。此时，相比于原系统仅节点 16 发生切负荷，节点 20 也出现少量切负荷现象，这是由于场景 2 规划所得气源 6 容量较大，气源 6 距离节点 16 较近，而另一末端节点 20 此时就可能在系统供气不足时发生切负荷。

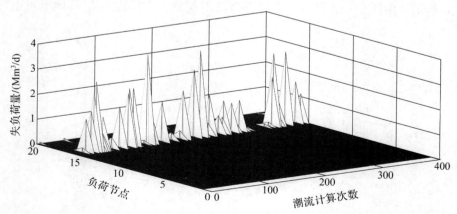

图 8-18　场景 2 天然气系统失负荷情况

Scenario 2 lost load of natural gas system

场景 2 系统失负荷率统计如图 8－19 所示，从图中可得场景 2 在 400 次概率能量流计算中系统失负荷率均在 5% 之下，且此时切负荷发生概率占比为 17.25%，相比场景 1 的 99.5% 大幅减少，此时气源容量能够满足系统可靠运行需要。

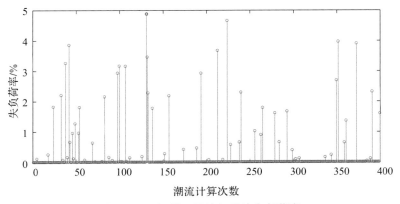

图 8－19　场景 2 天然气系统失负荷率

Scenario 2 Natural gas system load loss ratio

将场景 3 概率能流计算中的系统失负荷率统计如图 8－20 所示。由图可以看出，此时系统失负荷率均保持在 5% 以下，在系统允许失负荷率之内，说明场景 3 所得气源容量能够满足系统负荷在一定波动情况下所需。在 400 次概率能量流计算当中，系统发生失负荷情况为 36 次，切负荷发生概率占比 9%。相比原气源容量，此时气源容量能够满足 EGIES 系统可靠运行要求。

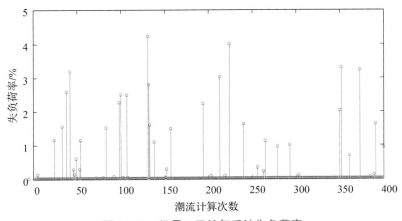

图 8－20　场景 3 天然气系统失负荷率

Scenario 3 Natural gas system load loss ratio

场景 1 仅考虑电力系统目标函数时，规划所得气源容量小于系统原气源容量，EGIES 系统运行时，优先满足电力系统负荷需要，此时天然气系统切负荷量较原系统增大，无法满足天然气负荷可靠运行要求，显然仅考虑电力系统目标函数的气源点定容规划方案是不合理的。场景 2 仅考虑天然气系统目标函数时，由于考虑了天然气系统负荷可靠性要求，使得整个系统运行满足负荷所需。但场景 2 未考虑电力系统目标函数，不能满足整个 EGIES 最优规划目标。场景 3 同时考虑电力系统和天然气系统目标函数，能够满足整个系统可靠、经济、优质运行的要求。

本章小结

对 IES 开展合理的可靠性评估是保证 IES 安全、可靠运行的关键。目前 IES 可靠性评估对微能网造成的 IES 系统的可靠性影响考虑不足。本章建立了含微能网的综合能源系统可靠性评估方法，微能网作为 IES 用户侧的耦合部分，实现了用户对电力系统和天然气系统用能的双向选择，减少了两个子系统之间能量转化产生的损耗，及时满足了用户的用能需求，更好地提高了系统的经济性和可靠性。本章分析了微能网渗透率、微能网可控性对系统可靠性的影响，为微能网的合理配置与控制提供了参考；在此基础上，针对天然气系统耦合电力系统后出现的原有气源容量无法满足整个系统可靠运行的问题，进行天然气气源的定容规划。EGIES 气源定容规划的目的是实现整个系统可靠、经济、优质运行，基于此本章提出一种 EGIES 气源定容规划模型，在考虑电力系统和天然气系统负荷波动情况下，以最小的气源容量满足系统负荷需要，并尽可能减少网络损耗，降低电网电压偏移以及气网气压降，采用加权法将多目标转换为单目标，并采用粒子群算法求解。算例结果表明以整个 EGIES 可靠、经济、优质运行为目标的规划结果使得系统在考虑负荷不确定性运行情况下，失负荷率均保持在 5% 之下，满足系统可靠运行要求。

第九章

低碳能源互联网智慧科创平台

　　综合能源系统是能源互联网的基本组成单元，为进一步推进综合能源系统优化研究，为能源互联网建设提供理论支撑和验证平台，国网山西省电力科学研究院（以下简称电科院）实验基地开展智慧能源互联网示范工程建设，如图9-1~图9-3所示，面向国家"双碳"战略、全面推动新型电力系统构建、支撑山西能源革命综合改革试点战略目标落地，构建具备柔性低碳、全景透明、智慧科创3大特点的低碳能源互联网智慧科创平台，实现科研、实证、示范三大价值，通过灵活组合各类设备构建"N"种价值场景，打造成了全国领先的能源互联网科研重器。

图9-1　中低压直流配电柜

图 9-2　储能机组、风组

图 9-3　直流居家办公设备

9.1　能源网架层

9.1.1　中低压直流配电系统

（一）系统配置和关键参数

图 9 − 4 所示的中低压直流配电系统位于新能源大厅，包括中压直流子系统、低压直流子系统和控制保护系统，与中、低压交流子系统实现柔性互联，共同构成低碳能源互联网智慧科创平台的网架枢纽。

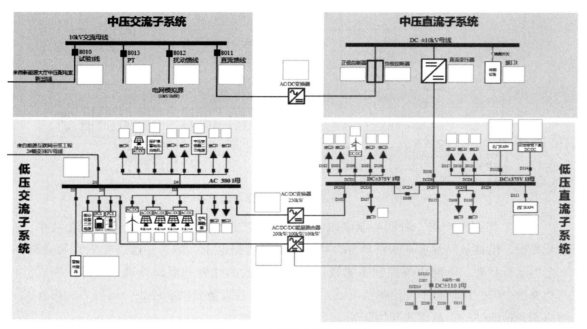

图 9 − 4　中低压交直流系统图

中压直流子系统配置与关键参数。中压交流子系统经 AC 10kV/DC 20kV 变换器将交流电变为直流电，通过两台 20kV 直流断路器接入 20kV 直流母线，再经 DC 20kV/DC 750V 直流变压器降压至低压等级，接入低压直流配电系统。此外，20kV 直流母线通过隔离开关预留一条中压测试接口间隔。

低压直流子系统配置与关键参数如图 9 − 5 所示。低压直流子系统接有风、光、储、充等设备。其中，3kW 风机 1 台、新能源大厅屋顶光伏 60kWp、西门车棚光伏 50kWp、屏柜式 60kW/120kW·h 数字化储能装置 1 台、20kV 直流充电桩 9 台、60kW 直流充电桩 1 台、充电负荷容量 240kW，形成完备的低压直流供用电系统。

（1）运行人员控制层。运行人员控制层，运行人员控制系统主要包括站 LAN 网、运行人员工作站、服务器等。该子系统是换流站正常运行时运行人员的主人机界面和换流站监控数据采集系统的重要部分。换流站运行人员控制系统实现的功能有：通过运行人员工作站接收运行人员对换流站正常的运行操作指令；故障或异常工况的监视和处理；全站事件顺序记录和事件报警。

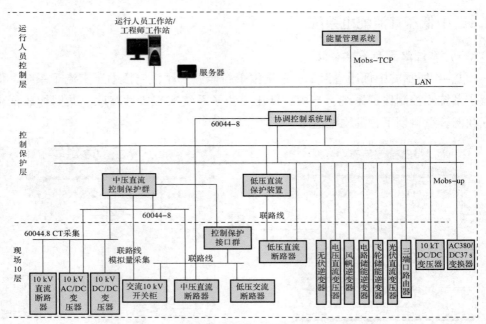

图 9-5　低压直流子系统配置与关键参数

（2）控制保护层。协调控制读取各换流器的控制方式、解闭锁状态、有功功率、开关量、模拟量以及直流断路器分合状态、直流线路电流等信息，通过收集到的直流电网运行状态，电网协调控制系统经过一系列预设的计算和逻辑处理，将控制模式、功率指令等控制信息下发给各换流器，控制系统内各设备启动、停止，运行方式切换，协调各换流站的控制模式和指令等。

（3）现场层。接收交直流场的开关状态，执行控制层的指令，完成对应设备的操作控制。接收测量设备发送的交直流场的模拟量数据，用于控制系统逻辑计算，运行人员监控。

（二）系统功能

该系统可为相关科研项目提供试验平台，具备直流供用电模式、关键设备、控制保护等成套技术科研实证和示范应用。

（1）中压直流子系统。具备中压交流 10kV 变换中压直流 20kV、故障开断、中压直流 20kV 变换低压直流 750V 等功能。预留测试接口具备中压直流设备的实证检测功能。

（2）低压直流子系统。接入光伏、储能、充电桩等设备，形成完备的直流供用电系统，具备低压交流和直流柔性互联，功率双向调节等功能。低压直流技术形态是实现整县域光伏直流组网消纳的关键技术之一。

（3）控制保护系统。控制保护系统功能包括站内设备控制与监视、上送/下达来自运行人员控制系统的命令、上送/下达来自能量管理系统的命令、中低压直流系统运行方式判别、与后台等其他系统的 LAN 网通信、与系统内各设备的通信连接、协调控制系统内关键设备的控制模式、能量路由器内部设备的自动化功率分配、系统内重要数据量的内置故障录波。

（4）构建"光储直柔"模式研究。"光储直柔"模式是促进新能源消纳，助力构建"零"排放园区的重要价值场景。光储直柔模块具备以下功能：一是实时监测光伏、储能及直流负载的运行状态。可视化界面可以看到设备间的能流关系，并对直流光伏发电功率曲线、储能设备的容量及直流负载的启停状态进行逐一监测。二是交直流效率实证分析。可选取同等规模、同一地点、有电气连接关系的含"光储充"直流和交流 2 个系统。同一天在同等条件下，开展局部系统的交流和直流运行效率对比实验。三是能量管理策略研究。可通过灵活编辑策略，实现绿色低碳最优、经济成本最优、辅助电能质量控制、削峰填谷辅助服务等不同目标，来实现"光储直柔"系统的优化运行。

9.1.2 分布式新能源发电系统

分布式新能源发电系统包括分布式光伏发电系统和分散式风电发电系统，总装机容量 524kW，其中光伏 500kW、风电 24kW。

分布式光伏分布在包括车棚光伏、屋顶光伏、立面光伏及多类型实证光伏。其中，车棚光伏 170kW、屋顶光伏 250kW、立面光伏 10kW、多类型实证光伏 70kW（固定轴单晶双玻 11.88kW、固定轴单晶单玻 12.1kW、旋转单轴单晶 12.1kW、旋转双轴单晶 5.025kW、固定轴多晶双玻 7.37kW、固定轴多晶单玻 7.37kW、旋转单轴单多 7.37kW、旋转双轴多晶 6.6kW）。

分布式新能源发电系统可为园区提供绿色电力，此外多类型光伏实证场地可以开展光伏组件类型、角度、环境等因素对发电效率的影响实验验证。由于存在建筑物遮挡的问题，可以开展考虑楼宇遮挡的新能源功率预测研究，成果在整县分布式光伏开发中有重要的应用价值。

9.1.3 充电系统

充电系统分布于实验基地西门和北门，分别为交直流充电站和多类型充电桩实证检测区。充电系统共配置 43 个充电桩位，41 台充电桩，42 把充电枪，包含 DC/DC、AC/AC、AC/DC、V2G、无线充电桩、大功率充电桩 6 大类，已涵盖市面上所有充电桩类型，具体参数如表 9 - 1 所示。充电系统还配置有两台充电机器人，一台机械臂充电机器位于交直流充电站，可实现两把充电枪的自动插拔；另一台蛇形臂充电机器人位于多类型充电桩实证检测区，具备单个充电枪的自动插拔功能。

表 9 – 1 充电桩类型

序号	充电桩类型	数量/台	单台充电桩功率/kW
1	DC/DC 充电桩	9	20
		1	60
2	AC/AC 充电桩	8	8
		2	40
3	AC/DC 充电桩	10	60
4	V2G 充电桩	9	60
5	无线充电桩	1	2.8
6	大功率充电桩	1	360

41 台充电桩均已通过协控装置连接至智慧能源管控平台，可以实时查看充电桩的运行状态与充电参数，具备无感充电和远程功率控制功能。

无感充电管理系统如图 9 – 6 所示与充电机器人共同实现无感充电功能。电动汽车进入园区后，充电机器人自动识别充电枪位置，利用图像识别技术自动寻找充电接口。充电桩与电动汽车相连后，通过智能网关，实现智慧能源管控系统与电动汽车的信息贯通，利用通信协议自动识别车辆身份 ID，此时在无感充电管理系统中便可以显示充电桩的使用状态，车牌信息以及充电功率等，并具备实时更新充电桩使用率等信息，实现车辆无感充电，数据自动统计分析的功能。

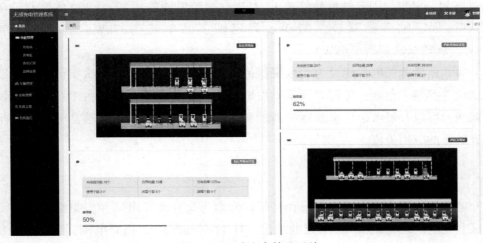

图 9 – 6 无感充电管理系统

远程功率控制通过智慧能源管控系统实现。进入无感充电站系统可以看到实验基地内所有充电桩的信息，通过改变 PWM 占空比，从 0 ~ 100% 调节，实现功率从 0 ~ 60kW 平滑控制，其操作界面如图 9 – 7 所示。

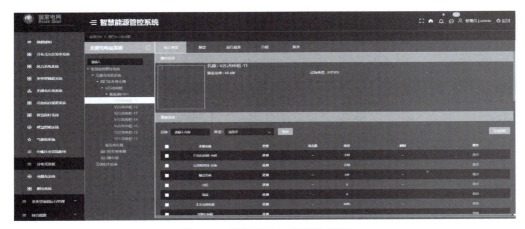

图 9 – 7   远程功率控制操作界面

9.1.4   储能系统

多类型储能系统位于新能源大厅南侧，建设 500kW/1.5MW·h 磷酸铁锂电化学储能、1MW/15s 飞轮储能阵列、100kW/30s 超级电容储能系统。

磷酸铁锂电化学储能用于高能量输入、输出场合，例如削峰填谷场景；飞轮储能和超级电容储能用于瞬间高功率输入、输出场合，例如电网调频场景。

9.1.5   冷热综合能源系统

供冷采暖系统位于研发楼负一层，供冷采用水冷螺杆式冷水机组，只供应研发楼区域；采暖采用电热水锅炉，供应一期四栋楼宇建筑，供冷采暖系统主要设备清单如表 9 – 2 所示。

表 9 – 2 供冷采暖系统主要设备清单

序号	设备名称	型号参数	数量
1	冷水机组	制冷量：616.5kW 制冷功率：114.1kW	2
2	热水锅炉	制热量：1.47MW 电功率：1500kW 供回水温度：95℃/70℃	1
3	冷却水泵 1	流量：246m³/h 扬程：24m 功率：30kW	3
4	冷冻水泵 2	流量：200m³/h 扬程：32m 功率：30kW	3
5	热水一次泵	流量：88m³/h 扬程：28m 功率：11kW	2
6	热水二次泵	流量：150m³/h 扬程：28m 功率：18.5kW	2

示范工程为供冷采暖系统增加了蓄能水箱、感知系统、智能面板、集中控制系统等，具体如表 9 – 3 所示。改造后的供冷采暖系统，具备了夏季蓄冷冬季蓄热的功能，

实现了智能低碳经济运行，释放了电科院最大电力负荷可调空间，成为可参与园区综合能源调节的重要资源。

表 9-3　　　　　　　　　　供冷采暖系统主要新增设备清单

序号	设备名称	型号参数	数量
1	蓄能水箱	容积：75m³ 尺寸：6000×5000×2500	1
2	水箱释能泵	流量：55m³/h 扬程：14m 功率：3kW	2
3	温度计	—	24
4	压力表	—	34
5	空调智能控制面板	走廊27套、实验室30套	57
6	多功能电力监控终端	—	24
7	电流互感器	—	72

当前供冷采暖系统已经通过协控装置连接至智慧能源管控系统，锅炉、制冷机组、蓄能水箱、板换、水泵、控制面板、管道等的信息也已实现监控，帮助系统实现智能化运行。系统依据冷热量需求进行调频，也自动控制研发楼公区控制面板的启停及温度，实现了无人值守。蓄能水箱可存储 2616kW·h 的热量，436kW·h 的冷量，供冷采暖系统可对水箱进行蓄能、释能，通过错峰用电节约成本，也可作为重要负荷参与园区需求响应。

供冷采暖系统的运行情况如图 9-8 所示，智慧能源管控系统展示了供冷采暖系统重要设备的参数、运行情况，也对系统改造前后的运行功率进行了对比。

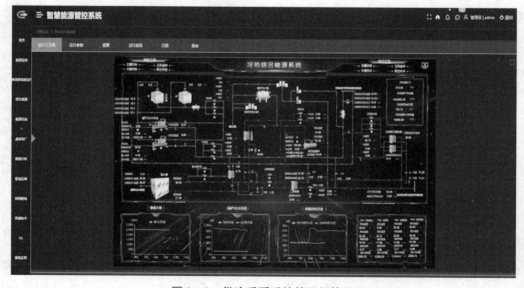

图 9-8　供冷采暖系统的运行情况

9.2 信息层

9.2.1 感知系统

现场录波采集部分为 6 个区域,分别是西门录波区域、特高压厅录波区域、北门录波区域、研发 A 座楼录波区域、环保厅录波区域和新能源大厅录波区域,录波采用JD-018 采集终端和 ZH-3D 录波进行分布式录波,采样数据利用电缆、光缆进行数据的传输及录波采集,具体分布式录波的实施如图 9-9 所示。

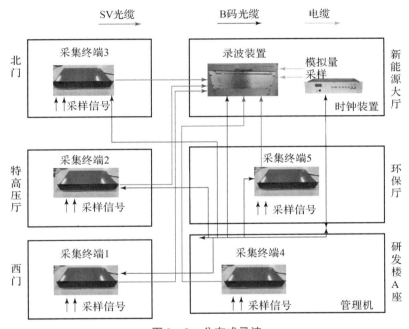

图 9-9 分布式录波

其中在西门、特高压厅、北门、研发 A 座楼、环保厅等区域布置 JD-018 采集终端,JD-018 在同步对时模式下,将相关的电压、电流采集信号转换为数字 SV 信号传输至新能源大厅的 ZH-3D 录波装置,并对西门、特高压厅、北门、研发 A 座楼、环保厅等区域进行录波;针对新能源大厅,录波屏柜的互感器机箱采集本区域的模拟量电压、电流信号,并传输至 ZH-3D 录波装置同时进行录波,最终在时间同步的模式先完成 6 个区域的分布式录波。具体原理如图 9-10 所示。

分布式实时故障录波系统主要由数据采集单元、网络交换机、录波服务器、时钟源组成,根据客户需求可定制不同种类的变换器作采集通道前向电路。分布式实时故障录波系统在电网正常情况下,可实现对电网电能质量监测,包括频率偏差、电压偏差、三相电压(电流)不平衡度、谐波等;在电网发生异常情况时,能够实现故障波

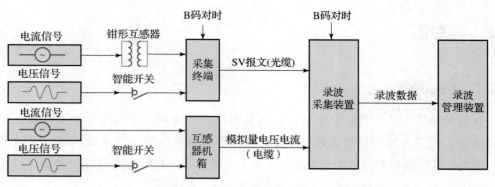

图 9 – 10　分布式录波原理

形记录，启动方式多样，包括突变、越限、开关量动作及手动启动等；具有电压偏差、频率偏差、不平衡度越限告警功能，在系统出现告警后，能够对故障前后信息进行保存，并出具简单的故障报告，包含故障时间、故障类型、设备名称、启动原因等信息；故障数据检索方便，可根据用户临时定值，遍历录波数据；实时同步告诉录波机制，如实记录还原装置运行情况，便于了解装置状态，分析事故原因，并进行故障的消除，避免造成各种损失。

9.2.2　协调控制装置

通信系统配置 24 台协调控制装置，各装置搭载一块 5G 模块单元、一块遥信模块单元、两块遥控模块单元，支持无线公网或以太网上行通信，下行通信信道具备 2 路 RS – 485 接口，实现光纤、5G 双通道数据传输以及风、光、储、充设备协调控制。主要功能如表 9 – 4 所示。

表 9 – 4　　　　　　　　　　通信系统主要功能

序　号	主要功能	
1	数据采集	电能表数据采集
		状态量采集
		脉冲量采集
2	数据处理	实时和当前数据
		历史日数据
		历史月数据
		电能表运行状况监测
		电能质量数据统计

续表

序　号	主要功能	
3	参数设置和查询	时钟召测和对时
		TA 变比、TV 变比及电能表脉冲常数
		采集参数
		冻结参数
		统计参数
		功率控制参数
		预付费控制参数
		终端参数
		抄表参数
		主站设置和查询终端参数
4	控制	功率定值闭环控制
		预付费控制
		保电—剔除
		遥控
5	事件记录	重要事件记录
		一般事件记录
6	数据传输	与主站通信
		与电能表通信
		与量测监控单元通信
		与低压智能塑壳断路器通信
		与用户自动化系统通信
		柔性调节
		代理
		软加密
		时钟
7	本地功能	本地状态指示
		本地显示功能
		本地维护接口
		本地用户接口

续表

序　号	主要功能	
8	终端维护	自检自恢复
		终端初始化
		软件远程升级
9	安全防护	对称密钥算法
		非对称密钥算法
10	失电数据和时钟保持	失电保存数据不丢失

9.2.3　5G 通信专网

5G 通信专网搭建 1 个基（宏）站，1 个微站，空旷场地信号覆盖半径约 500m，园区内可穿透两堵墙，室内分布系统覆盖 8 个场所，整个园区覆盖占比 100%。

基地利用基站收发器结合 MEC 下沉技术，保障数据不出园区，为园区数据智慧感知提供安全可靠的传输通道。同时，基于 5G 技术开展源荷储精准调控的研究，加强互联网新技术与传统电力融合创新，并开展 5G 网承载电能质量业务试点和技术验证。

9.2.4　智慧照明设备

园区 27 个智慧路灯分布在各个角落，配有 4 个控制柜，通过多种方式接入了智慧能源管控系统。路灯共有三种，路灯带屏幕及摄像头的、路灯带屏幕的、单路灯的。每个路灯还配置有一键报警装置，有两个路灯配有 5G 微基站。智慧能源管控系统可依据需要控制每个路灯的启停、亮度，也可向屏幕推送文字、图片、视频。路灯上的气象仪可监测园区气象信息，5G 微基站可为园区搭建通信网络，摄像头可配合开展试验监测。智慧能源管控系统的智慧路灯界面如图 9 – 11 所示。

图 9 – 11　智慧能源管控系统的智慧路灯界面

屏幕推送功能界面如图9－12所示。

图9－12　屏幕推送功能界面

9.2.5　智慧能源管控系统

智慧能源管控系统（见图9－13～图9－15）为园区各子系统提供智慧的能源管理和智能优化协调控制的服务，可实现各个子系统间的优化控制和能源协同，进而达到整个园区能源系统安全、高效、节能运行，实现园区智能管理。整个智慧能源管控系统功能涵盖了能源监控、智能运维、能源分析、多能系统仿真、虚拟电厂、智慧用电、光储直柔、双碳技术，对外形成统一展示窗口，对内负责园区能源的整体统筹管理，为园区各个能源子系统提供智慧能源管理和智能优化协调控制服务。

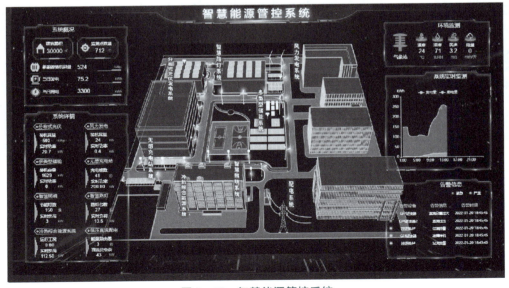

图9－13　智慧能源管控系统

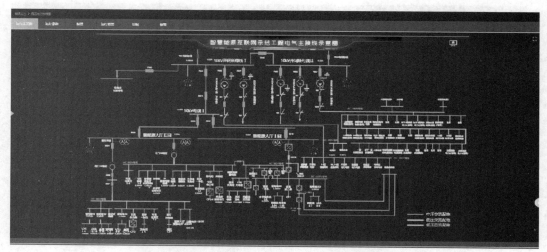

图 9 - 14　智慧能源互联网示范工程电气主接线示意图

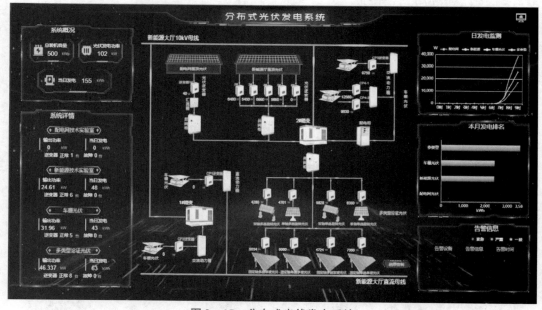

图 9 - 15　分布式光伏发电系统

（1）能源监控。能源监控能够面向园区综合能源全环节进行管理，其次除了工艺图的实时数据展示外，还包括了运行参数、报警及保护控制、运行趋势、运行日志、统计报表等二级功能。

（2）智能运维。根据对区域内能源监控的告警情况，对分布式户用光伏站、企业配电站、充电站进行运维抢修进行管理，主要包括巡检管理、抢修管理、消缺管理、维保管理、两票管理、值班管理和配置管理等业务。

（3）能源分析。根据能源规划，对区域碳排分析、供需平衡、电能替代、产业经济和用能行为进行分析，对重点用能用户的能耗指标、能耗排名、峰谷平用能和节能减排进行分析，并形成用能用户的运行报告。

（4）多能系统仿真。涵盖了热网能流计算模型、电网能流计算模型和耦合模块计算模型。通过自定义交互式建模校验，对选择的单能源或多能源运行策略模式进行仿真验证，并通过能源工艺图对仿真结果进行实时分析和展示。

（5）虚拟电厂。具备对园区内可控柔性负荷、分布式储能、分布式光伏等资源的聚合、管理、调控、运维、交易辅助等服务能力，可实现海量分散发供用对象的智能协调控制，具体包括运行监测、自治运行、市场交易三大功能。

（6）智慧用电。可以开展各类车辆在不同 SOC、不同充电桩类型、不同接入电网环境下的可调节潜力，通过模拟用户的用电行为，实证调节性能，发现策略不足，推进策略迭代，通过共享实验数据，带动充电站智能调控技术的推广应用。

（7）光储直柔。可实时监测光伏、储能及直流负载的运行状态，并开展交直流效率实证分析。通过灵活编辑策略，实现绿色低碳最优、经济成本最优、辅助电能质量控制、削峰填谷辅助服务等不同目标，来实现"光储直柔"系统的优化运行。

（8）双碳技术。具备对园区总体使用绿电电量比例、实时绿电功率比例、园区各要素碳排放跟踪和碳排放指标体系监控功能。通过监测园区用电、发电情况进行电—碳简单计算，实现各单元以及整体的碳排放量分析。基于园区自身能源使用和未来发展规划，实现正向、逆向碳达峰的简单推导。

9.3　典型运行场景

9.3.1　多能系统仿真

多能系统仿真模块实现了园区级综合能源系统"运行态 + 实验态"多模式仿真能力建设，如图 9 – 16 所示，为园区风光电冷热的多能转换运行策略提供了仿真和验证的分析计算平台，是实现园区多能源优化配置的重要工具，涵盖了热网能流计算模型、电网能流计算模型和耦合模块计算模型。通过自定义交互式建模校验，可获得园区冷热网及园区电网的运行状态数据，可实现上百种运行状态的分析评价，确保园区能源网络安全、经济、低碳运行。

（1）潮流计算功能。可在给定边界条件的场景下模拟园区电、热、冷潮流分布情况，实现对园区各设备运行状态以及关键物理量的实时监控，通过对选定设备、网络进行参数配置，可以仿真当前工况下全网络的潮流计算结果，将母线功率、节点电压等关键参数作为输出结果，获得园区网络状态参数值，并支持报表导出。

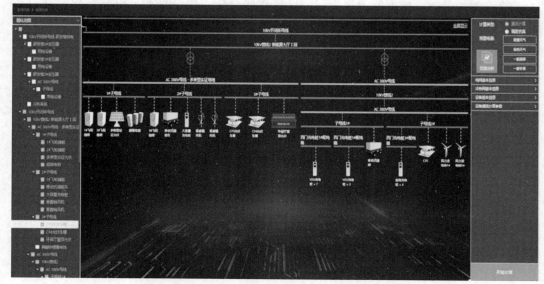

图 9 – 16　多能系统仿真

（2）调度仿真功能。基于日前的负荷、新能源预测数据，通过自主设定运行优化目标（优化目标主要包括了最小化综合能源系统内总运行成本，包括园区内设备运行成本、园区向主网购电成本、最小化弃风弃光成本等），得到未来一天或几天各时段园区的运行策略，从而尽可能实现保障园区用能供应、消纳园区新能源、降低运行成本和购电费用等目标，为园区运行人员提供辅助决策，其具体参数设置如图 9 – 17 所示。

图 9 – 17　调度仿真具体参数设置

196

9.3.2　虚拟电厂

虚拟电厂功能作为内嵌于园区智慧能源管控系统中的一款高效管理各类分布式能源的功能应用，覆盖风、光、储、充、冷热供应、智慧照明系统等多种能源供给与需求主体，具备对园区内可控柔性负荷、分布式储能、分布式光伏等资源的聚合、管理、调控、运维、交易辅助等服务能力，可以实现海量分散发供用对象的智能协调控制，是满足新型电力系统需求侧互动响应能力提升的重要工具；具体分为运行监测、自治运行、市场交易三大功能。

（1）运行监测功能。通过折线图等多种表现形式，从虚拟机组、能源种类等多维度对虚拟电厂运行状态、能耗数据、可调控潜力进行实时监测与分析。包括虚拟电厂总览、虚拟机组监测功能。虚拟电厂具备精准的负荷跟踪能力同时支撑调频的信号指令下达及调峰的负荷曲线跟踪。

（2）自治运行功能。基于历史数据进行负荷预测，基于气象数据进行新能源发电预测，风光发电曲线如图9–18所示，以预测结果和机组组合为约束，基于各能源子系统模型与优化控制算法，制定用户侧"源、网、荷、储"多维度协同优化运行策略，用于日前优化与日内优化调度；调控指令由指令调控模块通过物联或协调控制器进行下发，在不参与辅助服务和电网互动下，整个虚拟电厂按照经济最优、绿色最优等控制策略运行调度。

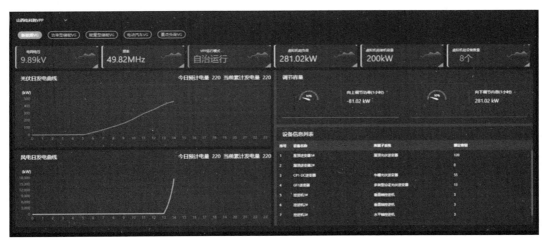

图9–18　风光发电曲线

（3）市场交易功能。实现了以虚拟电厂主体模拟参与山西电力市场资源准入、聚合调节、代理交易、分摊结算全流程交易模拟。交易管理模块主要包含交易公告查询、现货辅助决策申报、交易出清查询等功能；报量报价模块主要包含了负荷上下限计算和电力—价格曲线提报，交易曲线如图9–19所示；交易曲线调控执行模块主要包括调控策略管理、调控自评估功能；根据市场交易出清结果，虚拟电厂生成资源调控策略，结合历史用电情况、用户可调节能力，将虚拟电厂出清曲线进行逐级分解，下发至各类虚拟机组采控终端进行资源协调控制；结算管理模块包含市场结算确认、内部结算分配功能；统计分析模块可对虚拟电厂和用户的可调节能力、调控执行数据等进行分析，为相关功能应用提供数据支撑。

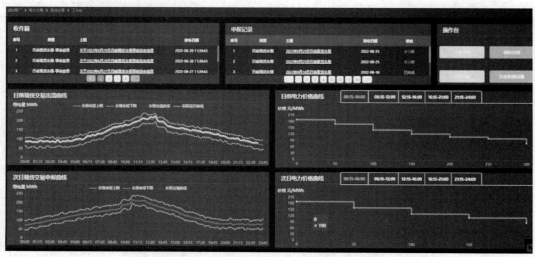

图 9 – 19　交易曲线

目前已经完成了协调遥测遥控调试，下一步，将接入山西省源网荷储平台，打造具备"实验态 + 运营态"双重定位的虚拟电厂精准调控仿真与实证平台，为其他同类型园区进行可调负荷资源建设管理提供借鉴。

9.3.3　智慧用电

低碳能源互联网智慧科创平台有 360kW 大功率充电桩、无线充电桩、V2G 充电桩等 6 类 41 台充电桩，涵盖了市面上所有的充电桩类型，可以开展各类车辆在不同 SOC、不同充电桩类型、不同接入电网环境下的可调节潜力，通过模拟用户的用电行为，实证调节性能，发现策略不足，推进策略迭代，通过共享实验数据，带动充电站智能调控技术的推广应用。

充电站智能调控策略研究验证。将实验基地内充电桩按照可控与否组合，虚拟不可控充电站、部分可控充电站以及完全可控充电站，模拟充电桩调控"车 – 站 – 网"三级平台，如图 9 – 20 所示。充电桩将电动汽车的 SOC 和允许接受的充电时间上送到充电站，充电站经过汇总后，上送至"车联网"平台，按照快速响应、平稳运行、经济调度等策略，将电量需求转换成功率控制曲线，并按照电量需求自动分解充电功率到每一个充电站，充电站根据每个充电桩类型以及电价信号（见图 9 – 21），确定充电、放电时间，实现充电站的智能调控。智慧能源管控平台接口开放，数据共享，可以为新型充电站智能调控策略提供运行环境。

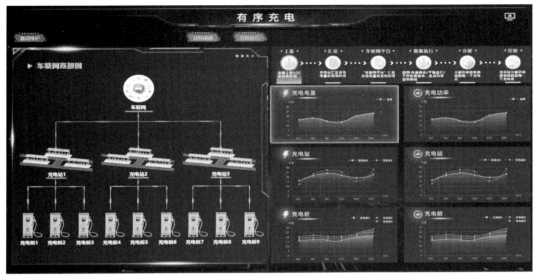

图 9 – 20　充电站三级平台

图 9 – 21　充电站目标策略及各时刻充电电价

目前已经完成单个充电桩的功率远程控制，实现了两个充电桩按照 SOC 分配充电功率的控制。下一步，计划开展实验基地 41 台充电桩根据控制功率曲线，按照每一台车的 SOC 状态自动分配充电功率。

9.3.4　光储直柔

"光储柔直"是促进新能源消纳，助力构建"零"排放园区的重要价值场景。"光"指的是直流并网光伏（位于新能源大厅屋顶和西门车棚顶），装机 110kW；"储"是蓄电池储能设备（位于新能源大厅内），容量 60kW/2h；"柔"是柔性调节负荷，包括直流充电桩、直流空调等柔性直流负载，累计容量 240kW；"直"是指采用高效、灵活的直流配电系统，各设备通过直流配电网进行连接，构成"光储直柔"系统。

实时监测光伏、储能及直流负载的运行状态。可视化界面可以看到设备间的能流关系，并对直流光伏发电功率曲线、储能设备的容量及直流负载的启停状态进行逐一监测。

交直流效率实证分析。可选取同等规模、同一地点、有电气连接关系的含"光储充"直流和交流2个系统。同一天在同等条件下，开展局部系统的交流和直流运行效率对比实验。

能量管理策略研究。可通过灵活编辑策略，实现绿色低碳最优、经济成本最优、辅助电能质量控制、削峰填谷辅助服务等不同目标，来实现"光储直柔"系统的优化运行。

目前在"光储直柔"平台（见图9-22）上已开展了交直流效率实证分析。从平台中选取了同等规模、同一地点、有电气连接关系的含"光储充"直流和交流2个系统。同一天在同等条件下，组织开展光伏发电——储能这一局部运行系统的交流和直流比较。通过分析结果得知：直流系统较交流系统的运行效率高。

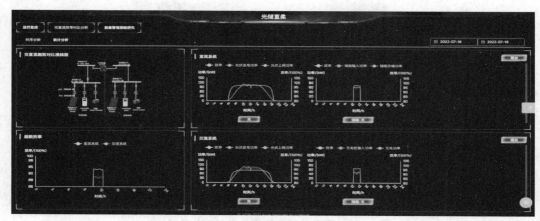

图9-22 光储柔直平台系统

针对交直流效率实证检测，下一步可添加效率在线监测装置，扩大分析范围，多角度开展交直流效率实证比较分析，获取和积累第一手交直流效率对比科研数据。下一步工作，可结合直流配电的柔性灵活可控优势，开展"光储直柔"能量管理策略研究，对支撑构建新型高弹性、高效配用电系统具有重要意义。

9.3.5 多类型设备实证

多类型充电桩实证检测。北门充电站是多类型充电桩实证检测区，区域建设360kW大功率充电桩、无线充电桩、V2G充电桩、交流慢充、纯直流慢充和直流快充6类17台充电桩。西门交直流充电站是用来研究运行控制的，而北门充电站的是用来做充电桩实证检测的，加起来一共是 43 个桩位、41 个充电桩、42 把充电枪。实证检测可依托实际环境验证新型充电桩性能，检验充电桩和充电策略是否达到研究和设计标准。

多类型储能实证检测。区域建设 500kW/1.5MW·h 磷酸铁锂电化学储能、1MW 飞轮储能阵列、100kW 超级电容储能系统。多类型储能用于实证检测储能协调控制策略，发挥能量型储能的持久性和功率型储能的快速性，同时满足冲击性场景和常规场景要求。

多类型光伏实证检测。按照光伏组件材料、结构和支架类型，分为轴旋转单晶、多晶、固定轴单晶、双晶等 8 类型，建设容量 70kW。其中，双轴旋转光伏系统又叫"全向追日"光伏系统，实现光伏组件永远正对着太阳，以获得最佳发电角度。单轴旋转光伏系统，又叫"单向追日"光伏系统，实现光伏组件仰角的变化。多类型光伏实证场地可以开展光伏组件类型、角度、环境等因素对发电效率的影响实验验证。基地建设有各类型光伏 500kW，储能 1.5MW，能够满足非供暖期基地日常办公负荷。

本章小结

本章主要从能源网架层、信息层和典型运行场景三个方面介绍国网山西省电力科学研究院实验基地开展的智慧能源互联网示范工程，并对所构建的科研平台的具体构成和性能参数进行详细阐述。针对各模块仿真流程及运行情况对比分析，利用具体实例验证平台的准确性和可实施性，为后续利用该平台进行数据分析和情景仿真奠定基础。

参考文献

［1］田丰. 考虑碳捕集及综合需求响应的电－气综合能源系统低碳经济调度［D］. 太原理工大学，2021.

［2］白云. 基于概率能量流的电－气综合能源系统定容规划及低碳经济调度［D］. 太原理工大学，2020.

［3］康丽虹. 考虑多气源的电－气综合能源系统低碳经济调度［D］. 太原理工大学，2022.

［4］马紫嫣. 考虑能源特性的综合能源系统动态时间间隔双层调度［D］. 太原理工大学，2022.

［5］任海泉. 含多微能网的综合能源系统优化调度及可靠性评估［D］. 太原理工大学，2021.

［6］陈俊先. 含多微能网的城市综合能源系统分布式低碳调度研究［D］. 太原理工大学，2023.

［7］田丰，贾燕冰，任海泉，等. 考虑碳捕集系统的综合能源系统"源－荷"低碳经济调度［J］. 电网技术，2020，44（09）：3346－3355.

［8］康丽虹，贾燕冰，田丰，等. 含LNG冷能利用的综合能源系统低碳经济调度［J］. 高电压技术，2022，48（02）：575－584.

［9］康丽虹，贾燕冰，谢栋，等. 考虑混氢天然气的综合能源系统低碳经济调度［J］. 电网与清洁能源，2023，39（07）：108－117.

［10］陈俊先，贾燕冰，韩肖清，等. 考虑需求侧碳交易机制的多微能网分布式协同优化调度［J］. 电网技术，2023，47（06）：2196－2207.

［11］马紫嫣，贾燕冰，韩肖清，等. 考虑动态时间间隔的综合能源系统双层优化调度［J］. 电网技术，2022，46（05）：1721－1730.

［12］白云，贾燕冰，陈浩，等. 计及供气充裕性的电－气互联综合能源系统低碳经济调度［J］. 电测与仪表，2021，58（11）：32－38.

［13］任海泉，贾燕冰，田丰，等. 含多微能网的城市能源互联网优化调度［J］. 高电压技术，2022，48（02）：554－564.

［14］田丰，贾燕冰，任海泉，等. 计及用户行为及满意度的电－气综合能源系统优化调度［J］. 电测与仪表，2021，58（05）：31－38.

［15］任海泉，贾燕冰，田丰，等. 计及可替代负荷的电－气综合能源系统可靠性评估［J］. 电力建设，2020，41（12）：39－46.